一流规划教材

研究生系列教材
地球化学

大别造山带的
野外实践和研究方法

FIELD PRACTICE AND INVESTIGATION
ON THE DABIE OROGEN

刘贻灿　杨　阳　编著

中国科学技术大学出版社

内 容 简 介

中国科学技术大学地学类专业研究生课程"大陆地质野外研究方法"的教学地区是国际著名大陆俯冲-碰撞造山带——大别山,本书正是该课程的教学用书。内容主要包括碰撞造山带的基本理论和研究方法、大别碰撞造山带的特征性构造岩石单位及其形成和演化、经典野外露头及相关地质内容介绍,帮助学生学会如何从野外地质现象和前人研究成果中寻找需要解决的科学问题或研究课题,以及如何更好地进行野外调查、研究和采集所需要的样品。

本书既可作为高等院校地质、地球化学、地理和地球物理等专业研究生的野外教学实践教材,也可作为从事区域地质、矿产普查与勘探、石油与天然气地质、煤田地质、水文和工程地质以及环境地质等方面科技人员以及广大地学爱好者的重要参考书和大别造山带野外地质考察的重要指导书。

审图号:GS(2022)1864 号

图书在版编目(CIP)数据

大别造山带的野外实践和研究方法/刘贻灿,杨阳编著. —合肥:中国科学技术大学出版社,2022.5

ISBN 978-7-312-05378-8

Ⅰ. 大… Ⅱ. ①刘… ②杨… Ⅲ. 大别山—造山带—野外作业 Ⅳ. P544

中国版本图书馆 CIP 数据核字(2022)第 066495 号

大别造山带的野外实践和研究方法

DABIE ZAOSHANDAI DE YEWAI SHIJIAN HE YANJIU FANGFA

出版 中国科学技术大学出版社

　　　　安徽省合肥市金寨路 96 号,230026

　　　　http://press.ustc.edu.cn

　　　　https://zgkxjsdxcbs.tmall.com

印刷 合肥市宏基印刷有限公司

发行 中国科学技术大学出版社

开本 787 mm×1092 mm　1/16

印张 7.25

字数 187 千

版次 2022 年 5 月第 1 版

印次 2022 年 5 月第 1 次印刷

定价 56.00 元

前　言

　　野外地质调查是广大地学工作者和学生(包括本科生和研究生)必须经历和从事的一项极其重要的基础地质工作,其目的和任务因不同要求和需要是完全不同的。而且,对于地学类专业学生来说,野外地质调查是必须掌握的一项最重要的基本技能。

　　地学类专业本科学习阶段,野外教学实习的目的和任务主要包括掌握野外定点、野外记录、地质剖面测量和素描图绘制等方法以及不同类型岩石的辨认、野外地质现象的识别和理解等。进入研究生阶段,野外地质调查工作就有了更高的要求:除了常规的认识野外地质现象、理解地质现象的科学含义和野外资料搜集(包括文字描述、野外素描和地质现象拍照等)外,更重要的是要学会如何从野外地质现象和前人研究成果中来寻找需要解决的科学问题或研究课题,以及如何更好地进行野外调查、研究和采集所需要的样品等。为此,中国科学技术大学地球化学专业最早由李曙光院士发起并专门为研究生开设了"造山带化学地球动力学野外研究方法"或"大陆地质野外研究方法"课程,教学地区是国际著名大陆俯冲-碰撞造山带——大别山。大别山造山带位于华北和华南两个大陆板块之间,是由华南(扬子)板块向华北板块之下相继发生俯冲、碰撞形成的,发育了与板块俯冲和碰撞过程相关的、不同变质等级的特征性构造岩石单位,尤其发育了规模巨大、岩石类型齐全的含柯石英和金刚石等标志性矿物的超高压变质带,是世界上一个极具特色的俯冲碰撞造山带的天然观测实验室,目前已成为国际性大陆动力学研究与野外教学实践基地。我校在此开设研究生野外教学实践课程的主要目的就是利用地域优势和笔者多年来持续对大别山野外区域地质的相关研究成果(尤其重要的是,从1988年开始,笔者一直从事大别山及相邻地区的野外地质调查以及相关科研和教学工作,取得了一系列创新性成果和突破性认识,积累了较多的野外地质实践教学工作经验和方法),对地球化学等专业研究生进行野外地质综合训练,提高他们的野外地质实践的相关技能。目前,第一作者已开设"大陆地质野外研究方法"研究生课程近20年,根据教授该课程的教学实践和经验,结合目前的国内外研究现状和最新进展,我们编写了本教材。

　　本书第一章重点介绍了碰撞造山带的基本理论和研究方法,包括一些与板块构造学、岩石学和地球化学等学科相关的重要专业名词或概念介绍;第二章系统介绍了大别造山带的特征性构造岩石单位和演化特点,涉及不同单位的主要岩石组成及其形成和变质演化过程(包括一些最新进展和笔者研究组的未发表资料);第三章针对大别造山带的六个构造岩石单位,选择了一些经典野外露头和地质现象,并附上对应位置的经纬度和相关的典型野外图片或显微照片或成果图件(便于有兴趣者进一步寻找观察点位置并进行详细的野外观察和深入研究),一一介绍相关岩石组成特点及其研究方法和成果。在此基础之上,列出了与板块俯冲-碰撞相关的,涉及板块构造学、岩石学、矿物学和地球化学等多学科的代表性思考题,为研究生文献调研和拟提交的课程论文准备提供参考。

本教材的编写目的:首先是让研究生了解碰撞造山带的形成和演化过程以及基本大地构造格架(tectonic framework)和岩石单位组成及其主要特点,深刻理解与板块构造学、岩石学和地球化学等学科相关的重要概念和专业名词内涵;其次,主要是让研究生进一步系统认识不同类型、不同成因的岩浆岩、沉积岩和变质岩,了解板块的俯冲-碰撞过程以及相关的岩石记录和各种野外地质表现,基本掌握不同岩石类型(特别是不同变质等级的各种岩石)的野外辨认方法与基本技能以及相关的研究方法和注意事项。此外,还可以培养研究生吃苦耐劳、开拓创新、团结合作的精神,以及学会如何从研究现状和野外地质现象中来寻找需要解决的关键科学问题,同时,养成实事求是、科学严谨的工作态度。这有助于培养他们热爱地质事业、产生勇于探索地球奥秘的兴趣,为今后从事地质科学研究的思维方法和工作方法打下坚实的野外观察、地质现象描述和记录以及相关研究方法基础。

本教材的出版得到了中国科学技术大学研究生教材出版专项经费的支持(本教材被评为2020年度中国科学技术大学研究生教育创新计划项目——优秀教材出版项目)。另外,本教材的相关研究和编写工作,还得到国家自然科学基金项目(42072059)的资助。同时,在编写、出版过程中,得到中国科学技术大学研究生院以及地球和空间科学学院的相关领导、老师的大力支持和帮助;张成伟、吴峥和胡子安等研究生参与了教材中部分插图的绘制。在此,作者一并表示衷心感谢!

限于编著者水平,不足和错误之处在所难免,恳请读者批评指正。

编著者

目　　录

第一章　碰撞造山带的基本理论和研究方法

第一节　基　本　理　论

大地构造学(Geotectonics),又称构造学(Tectonics),它的主要研究对象是地球的岩石圈,它特别介绍了地壳组成、地壳构造、地壳运动和地壳发展,并进一步阐明它们的规律和原因。由于采用的理论和研究方法的不同,大地构造学分为不同的体系,如槽台学、板块构造学、地质力学等,其主要区别在于各自以不同的地球动力作为立论基础。由于研究对象或重点的不同,大地构造学又有许多分支学科,如大洋地质、大陆边缘地质、造山带与盆地、东亚地质、非洲地质等。研究地壳形成演化基本动力的大地构造学分支统称"地球动力学"(Geodynamics)。它重点研究地壳运动、岩浆作用和变质作用的深部原因。

区域大地构造学(Regional Tectonics),以区域构造为主要研究对象,诸如地台、造山带或褶皱带、大陆裂谷、岛弧等。

板块构造属于大地构造学的范畴,任何对大地构造的充分讨论都需要将中小型构造地质现象与沉积学、地层学、火成岩石学、变质岩石学、地质年代学和元素-同位素地球化学以及地球物理学等学科的许多方面结合起来。

大地构造学有许多学派,板块构造学说即是其中的一个重要学派,也是目前的主流。板块构造理论是由大陆漂移-海底扩张说引申、发展起来的一种崭新的大地构造理论。它研究地球岩石圈板块,分析其沿着不同类型的超岩石圈断裂系统所发生的大陆解体、大陆漂移、海底扩张、岩石圈板块消减以及大陆碰撞等一系列活动,探讨大洋和大陆的演化历史和动力来源等。

位于软流圈之上的刚性岩石圈,被一些断裂带分割成许多既不连续,又相互镶嵌起来的球面块体。每个球面块体相对地球半径来说很薄,呈板状,故称岩石圈板块,简称板块。岩石圈板块在其下的上地幔软流圈的对流运动带动下,不停地边生长、边移动、边消亡。板块与板块之间或彼此分离,或相向滑动和俯冲,结果在板块边界上形成火山、地震、海沟、岛弧、造山带以及各种形式的褶皱和断裂等。故研究全球岩石圈板块的学科被称为全球构造或岩石圈板块构造,简称板块构造。

保存在碰撞造山带岩石记录中板块构造作用的证据,宏观上通常涉及一系列地质方面的特征,如大洋岛弧、大陆弧、蛇绿岩、混杂岩(mélange)、增生楔(accretionary wedge)或增生杂岩(accretionary complex)、弧前和弧后盆地沉积、高压-超高压变质岩石、蓝片岩、大规模推覆体以及与伸展构造相伴生的岩浆岩等。而且,许多特征常见于汇聚板块之间因俯冲、地体增生以及挤压等而产生的造山带中。经典板块构造理论认为,碰撞造山带的形成通常涉及威尔逊旋回(Wilson cycle)洋盆的打开和关闭(Dewey and Spall,1975),并伴随着与俯冲-碰撞相关的变形、变质作用和最终因陆-陆碰撞作用而形成造山带(Wilson,1966;Dewey,1969;Brown,2009;Cawood et al.,2009)。因此,形成于汇聚板块边缘的造山带可以划分为增生型(accretionary-type)和碰撞型(collisional-type)两大类(Cawood and Buchan,2007;Cawood et al.,2009)。其中,增生造山带主要形成于大洋板块的俯冲时期,以发育岩浆弧和俯冲-增生杂岩(subduction-accretion complex)为主要特征,典型例子是科迪勒拉(Cordilleran)造山带;而碰撞造山带则形成于大洋板块俯冲结束后的陆-陆碰撞阶段,最典型的例子是阿尔卑斯和喜马拉雅造山带。此外,陆-陆碰撞之前往往涉及洋盆的关闭,所以对于大陆碰撞造山带而言,碰撞造山之前的大洋俯冲及伴生的岛弧岩浆活动和沉积作用可能是重要的板块构造过程(O'Brien,2001)。因此,这种复合造山作用常造成碰撞构造叠加在早期俯冲增生构造之上(Brown,2007,2009),也就是说,增生阶段事件叠加了与陆-陆碰撞和山根垮塌相关的事件(Lahtinen et al.,2009),从而给识别和重建原始造山带结构及两期造山作用的精细演化过程增加了巨大困难。然而,板块俯冲-增生杂岩的甄别,不仅可以为确定古俯冲带相对位置、古洋盆和古岛弧的存在以及造山作用类型等提供直接证据,而且它的组成、结构和形成过程也可以为恢复、重建造山带的形成与构造拼贴过程提供最基本的地质依据,因而具有极其重要的大地构造意义。

一般来说,大陆碰撞造山带主要涉及三个典型汇聚构造过程(three distinct convergent tectonic phases)(Beaumont et al.,1996;Carry et al.,2009),即大洋俯冲、大陆俯冲和碰撞造山(图1-1)。不同演化阶段对应于不同的产物,如大洋俯冲常导致增生楔和高压低温变质岩(蓝片岩等)的形成;大陆边缘俯冲因不同地壳位置俯冲深度的差异而往往形成不同类型和不同变质程度的变质岩,甚至导致陆壳岩片的构造堆叠(tectonic stacking of continental slices);大陆碰撞阶段引起明显地壳缩短(a more penetrative shortening),导致岩石圈规模地壳厚度显著增加(a pronounced thickening)以及碰撞后的山根垮塌(mountain-root collapse)等。柯石英(Chopin,1984;Smith,1984;Okay et al.,1989;Wang et al.,1989)和金刚石(Sobolev and Shatsky,1990;Xu et al.,1992)等超高压变质矿物的相继发现,已证明巨量陆壳岩石能俯冲到地幔深度,然后折返至地表。因此,近35年来,地壳深俯冲和超高压变质岩石的形成与折返机制,一直是国际上大陆动力学的研究热点和前沿问题。其中,俯冲带高压-超高压变质岩石的折返机制是长期争议的焦点,并且,已提出多种解释模型,如陆内逆冲及伴随侵蚀模式(Okay and Şengör,1992;Chemenda et al.,1995,1996)、挤出-伸展模式(Maruyama et al.,1994;钟增球等,1998;Faure et al.,1999;索书田等,2000)、浮力-楔入-热穹隆模式(Dong et al.,1998)、角流及浮力联合模式(Wang and Cong,1999)、平行于造山带的挤出及伴随减薄模式(Hacker et al.,2000;Ratschbacher et al.,2000)和连续俯冲-折返-热穹隆模式(Liu et al.,2004b)等等(图 1-2)。所有这些模式都是假定整个俯冲中上陆壳与下伏镁铁质下地壳及岩石圈地幔发生拆离、解耦并在浮力作用下俯冲陆壳整体折返(如 Chemenda et al.,1995;Ernst et al.,1997;Hacker et al.,2000;Massonne,2005)。

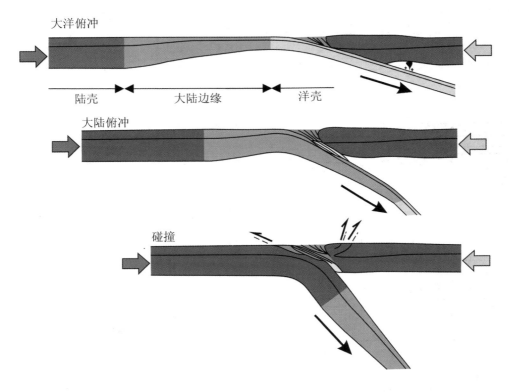

图 1-1　大陆俯冲碰撞造山带的三个典型汇聚构造过程(据 Carry et al.,2009)

与此相反,近 25 年来中国部分学者根据大别-苏鲁造山带的研究成果,提出俯冲陆壳内部曾发生多层次拆离、解耦并呈多岩片差异折返的模型(李曙光等,2001,2005;刘贻灿和李曙光,2005,2008;许志琴等,2005;Xu et al.,2006;Liu et al.,2007b,2009,2011a)。已有研究表明,俯冲陆壳不仅在深部发生拆离解耦(李曙光等,2001,2005;刘贻灿和李曙光,2005,2008;许志琴等,2005;Xu et al.,2006;Liu et al.,2007b),而且在俯冲初期即榴辉岩相变质之前在浅部不同深度也发生了地壳拆离并逆冲折返(Zheng et al.,2005;刘贻灿等,2006,2010;Tang et al.,2006)。因此,深俯冲陆壳是整体折返,还是内部拆离解耦成若干岩片并相继折返已成为超高压变质岩折返机制研究的核心争议问题,它涉及我们对大陆地壳俯冲行为与洋壳俯冲行为的差异性认识。

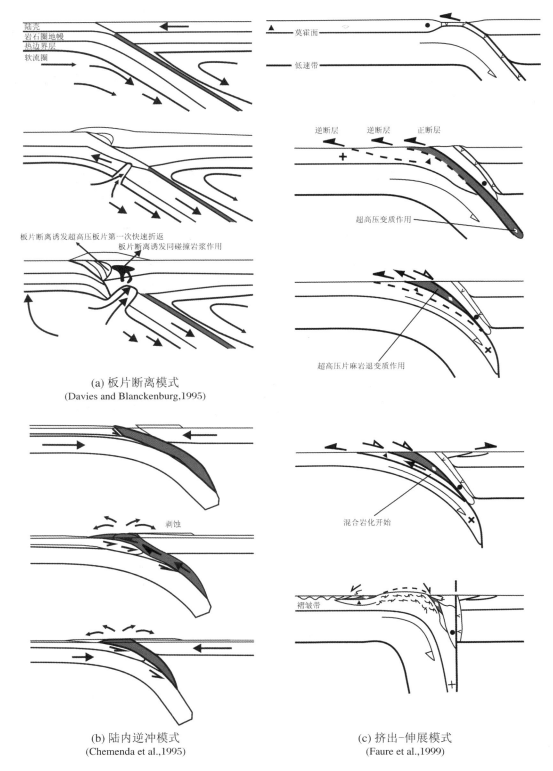

图 1-2 俯冲陆壳岩石的代表性折返机制模型

实际上,除了上述俯冲地壳的折返机制外,碰撞造山带还涉及诸多的板块构造作用方面科学问题需要解决或探讨,如:① 板块缝合带位置;② 板块(大陆)碰撞时代;③ 俯冲地壳与上覆地幔之间的相互作用;④ 陆-陆碰撞过程;⑤ 超高压变质作用的岩石学和矿物学证据以及 P-T 条件;⑥ 俯冲地壳岩石的成因以及原岩和变质时代;⑦ 地壳俯冲-折返期间的深熔作用及其效应;等等。

第二节　深俯冲地壳的多岩片差异折返机制建立及研究方法

为了更好地研究板块构造过程、揭示深俯冲地壳岩石的折返和剥露机制,需要沉积岩石学、火成岩石学、变质岩石学、岩石地球化学和同位素年代学以及构造地质学和地球物理学等不同学科的系统研究,同时,涉及自然观测、类比实验和数值模拟等(刘贻灿和张成伟,2020)。为此,还需要弄清楚一些相关关键科学问题、重要概念以及相关专业名词的内涵(也是常被忽视的),澄清一些模糊认识,它们涉及深俯冲地壳岩石折返机制建立的一些基本原则、前提条件以及研究方法。

一、构造岩石单位的划分及其岩石组成和变质岩原岩性质的甄别

一般来说,大陆俯冲碰撞造山带经历了复杂的演化过程,往往发育一系列与板块俯冲和碰撞过程相关的不同变质等级的构造岩石单位(Xu et al.,2012;Liu et al.,2017)。因此,为了更好地理解该类造山带的形成和演化,首先需要进行合理的岩石单位划分、建立构造格架(tectonic framework)(徐树桐等,1992,1994),这也是理解碰撞造山带基本结构和组成及其演化的重要基础和前提。其次,需要查明不同单位的岩石组成及其原岩性质与形成构造背景以及可能的曾经所处的俯冲板块位置。这就涉及系统的野外地质调查以及室内岩石学和地球化学等多学科的综合研究,包括岩石类型的识别和划分以及元素和 Sr-Nd-Pb-Hf 等同位素地球化学方面综合分析,甚至还需要高温高压实验和地球物理方面的模拟等。

1. 岩石类型的划分

岩石类型的识别、划分以及野外样品的采集是最常规的基本地质调查和研究方法,也是进一步深入研究的重要基础。为此,首先需要根据野外系统地质调查和观察分析,采集不同类型的新鲜样品,大致区分变沉积岩和变质火成岩,是幔源岩石、还是壳源岩石等。然后,进行室内岩相学观察和矿物组成分析等。

2. 主微量元素和 Sr-Nd-Hf 同位素分析

全岩主微量元素分析、Sr-Nd 同位素分析以及锆石的 Hf 同位素分析是查明不同类

型岩浆岩以及变质岩的原岩性质和成因的重要途径,尤其可以有效地示踪不同类型岩石的原岩性质:是陆壳成因还是洋壳成因,以及形成大地构造环境。因此,这些为碰撞造山带不同构造岩石单位的划分提供了重要的地球化学方面的依据。

3. Pb 同位素分析

由于上、下地壳岩石的 U/Pb 比值及 Pb 同位素组成有明显差异,因此 Pb 同位素可以用来示踪地壳性质,即下部地壳相对亏损 U 和 Th 以及贫放射性成因 Pb 同位素组成,而上部地壳相对富集放射性成因 Pb 同位素组成(Zartman and Doe,1981;Zindler and Hart,1986)。因此,来自不同俯冲陆壳部位的岩石常具有不同的 Pb 同位素组成(李曙光等,2001;张宏飞等,2001;Shen et al.,2014),这为查明不同岩片的来源和构造属性提供了 Pb 同位素地球化学方面的制约。但是,值得注意的是,为了避免风化、蚀变等方面的影响,通常采用未退变或退变质较弱的全岩或长石进行 Pb 同位素成分的测定(Li et al.,2009)。

二、变质 P-T-t 轨迹的重建

在造山带岩石单位划分基础之上,重建不同岩石单位的变质 P-T-t(压力-温度-时代)轨迹。而且,P-T-t 轨迹的重建是刻画和了解一个岩石或岩片变质演化过程的基本途径(Ernst et al.,1997)。因此,变质 P-T-t 轨迹的研究是理解俯冲地壳岩石俯冲和折返路径的重要环节,涉及峰期变质条件的限定、变质演化阶段的划分以及对应 P-T 条件与时代的确定。其中,峰期 P-T 条件与时代的确定,常常因为多阶段变质演化、强烈的退变质作用和(或)高温变质叠加等而具有很大的困难和挑战(Li et al.,2000;Liu et al.,2005,2011a、b,2015;Kelsey et al.,2008;An et al.,2018);而不同退变质阶段的时代的测定面临不同退变质阶段矿物组合是否达到同位素平衡、其同位素封闭温度与退变质温度是否匹配以及定年精度能否满足刻画 P-T-t 轨迹要求等方面的挑战(Li et al.,2000,2003;An et al.,2018)。

1. 岩石学研究

需要对不同岩石单位的各种岩石类型进行系统岩相学观察和矿物的电子探针分析,划分变质演化阶段,利用传统共生矿物对温压计和现代岩石学分析方法(如金红石中 Zr 和锆石中 Ti 等矿物的微量元素温度计以及相平衡模拟)等,开展不同变质阶段的 P-T 条件的计算和评价,尤其需要重视峰期变质条件的确定。其中,对于经历了多阶段变质演化尤其是经过高温变质叠加的岩石,需要结合多种分析方法,来合理限定峰期条件。这些岩石常常因为多期减压以及矿物之间的 Fe-Mg 交换和再平衡等,而影响常规矿物地质温压计(如石榴子石-单斜辉石温度计)峰期 P-T 条件的估算(Frost and Chacko,1989;Pattison et al.,2003;Liu et al.,2015)。目前,鉴于 Ti 和 Zr 的相对稳定性且可以避免矿物之间的 Fe-Mg 交换,锆石中 Ti 和金红石中 Zr 温度计已被证明是用来估算高压岩石经历过复杂变质过程的变质温度的有效工具（Zack et al.，2004；Spear et al.，2006；Watson et al.，2006；Baldwin et al.，2007；Ferry & Watson，2007；Page et al.，2007；Liu et al.，2015），而且，这些微量元素温度计也被成功地应用于超高温麻粒岩（>900 ℃/0.7～1.3 GPa）的峰期及之后变质温度的确定（Baldwin et al.，2007；Liu et al.，2010；Jiao et al.，2011）。因此，为了合理、准确地估计高温超高压岩石所经历的榴辉岩相和麻粒岩相变质阶段的温度，除了利用可能的常规矿物对温度计外，还需要采用锆石中 Ti 和金红石中 Zr 温度计等。此外，相平衡模拟（Wei et al.，2010，2015；Groppo et al.，2007，2009，2015；Deng et al.，2019）也是限定该类岩石不同变质阶段（和深熔作用）P-T 条件的重要手段。

此外，深俯冲地壳岩石的超高压变质作用证据以及发生的 P-T 条件，因后期多阶段变质叠加与改造，常常不太容易识别和限定（Liu et al.，2011b）。目前，除了柯石英和金刚石等超高压变质的标志性矿物外，还可以通过矿物的退变质结构。如石榴子石（majorite）中金红石＋磷灰石＋单斜辉石的针状矿物出溶体，指示早期的富 Ti、Na 和 P 石榴子石，形成深度>200 km、压力>7 GPa（Ye et al.，2000）；单斜辉石中石英出溶体，指示早期的超硅绿辉石，形成压力>2.5 GPa（Tsai and Liou，2000；Liu et al.，2005，2011b）；石英中的铁尖晶石＋蓝晶石棒状体可能是先存斯石英伴随折返抬升快速相变为柯石英并发生出熔，之后柯石英再转化成石英的产物，指示峰期形成深度>350 km、压力>9 GPa（Liu et al.，2007）；等等。也可以通过相平衡模拟等现代岩石学研究方法来查明峰期超高压变质 P-T 条件（Yang et al.，2006；Groppo et al.，2009；Wei et al.，2010，2013，2015）。

2. 同位素定年

同位素定年是确定岩石形成和变质时代的重要途径。对于变质岩而言，同位素定年方法尤其显得重要。其中，变质同位素年代学的主要任务是测定每一个变质阶段发生的时代，结合不同阶段的 P-T 条件，为重建变质演化过程的 P-T-t 轨迹提供年代学依据。然而，不同的同位素体系因涉及不同矿物的封闭温度（Dodson，1973），因此，由不同的同位素定年方法测定的不同对象（矿物或全岩）获得的年龄具有不同的地质含义（Li et al.，2000，2003；Liu et al.，2005，2011a）。如，变质岩的 Rb-Sr、Sm-Nd 全岩等时线定年既可以获得原岩时代，也可获得变质时代。精确的变质时代可以是用 Rb-Sr 和 Sm-Nd 以及 U-Pb 变质矿物等时线方法获得的，也可以通过角闪石和云母类矿物等的 Ar-Ar 同位素定年方法获得。由于 Sm-Nd 和 Lu-Hf 体系以及锆石 U-Pb 体系的高封闭温度，榴辉岩相峰期变质时代通常由超高压变质矿物组合，如石榴子石＋绿辉石±多硅白云母＋全岩±金红石等的矿物 Sm-Nd 同位素定年方法获得（Li et al.，1993，2000；Liu et al.，2005；李曙光和安诗超，2014；An et al.，2018），也可以由含榴辉岩相矿物包裹体或微量元素证明是形成于榴辉岩相条件下的变质锆石，通过 SHRIMP 或 LA-ICPMS 原位 U-Pb 定年方法获得（Rubatto et al.，1999；Schaltegger et al.，1999；Ayers et al.，2002；Sun et al.，2002；Whitehouse and Platt，2003；Liu et al.，2006，2007a，2009，2011a）。对于超高压变质岩来说，角闪石和云母等矿物的 Rb-Sr 和 Ar-Ar 同位素年龄以及金红石的 U-Pb 年龄，因这些矿物的同位素封闭温度较低，通常指示退变质时代或冷却年龄（Li et al.，2000，2003）。需要注意的是，强烈的退变质作用也常对高压矿物的 Sr-Nd（Li et al.，2000；Liu et al.，2005；李曙光和安诗超，2014；An et al.，2018）和 Lu-Hf（Cheng et al.，2009b）同位素定年结果产生明显影响并可能获得没有地质意义或指示流体活动的年龄。因此，为了准确限定峰期高压-超高压变质时代，应尽量采用未退变或退变质较弱的岩石，在双目镜下挑选没有任何退变质产物且不含任何包华的高压（或榴辉岩相）矿物，用 Sm-Nd 等时线法定年，或者对含有超高压矿物包裹体的变质锆石 SHRIMP 或 LA-ICPMS 进行原位 U-Pb 定年获得（如 Liu et al.，2004a，2006a、b，2011a）。

根据上述岩石学和同位素年代学方面研究，建立不同岩石单位的变质 P-T-t 轨迹。通常，同一岩石单位或岩片具有一致的、与俯冲碰撞过程相关的变质 P-T-t 演化轨迹。除非后期因碰撞造山作用以及构造堆叠和剥蚀作用而造成有少量其他外来岩片构造卷入其中，又称构造并置（tectonic juxtaposition）（Bousquet，2008）。而且，大洋板块与大陆板块的俯冲-折返因变质温度方面的显著差异等，它们的 P-T-t 演化轨迹常有明显不同（如分别表现为低的和高的峰期变质温度等）（图 1-3）。因此，P-T-t 轨迹的重建为碰撞造山带变质岩石单位的划分及其大地构造属性的厘定提供了极其重要且可靠的岩石学和年代学依据。

三、俯冲陆壳内部拆离解耦的岩石流变学依据

陆壳俯冲过程中，陆壳内部发生拆离和脱耦是由于陆壳内部存在力学强度薄弱带。陆壳整体与岩石圈地幔脱耦并折返模型的基本假设是基于大陆岩石圈强度的"果酱三明治"（jelly sandwich）模型，即刚性的上地壳和地幔岩石圈中间夹着低黏度软弱的下地壳（Zuber，1994）。俯冲陆壳多层次拆离解耦及多岩板折返模型的理论基础是大陆岩石圈强度不再是果酱三明治模型，根据合理的地热梯度和岩石圈成分所获得的岩石圈的黏度与深度关系的模拟结果表明，在陆壳内部至少存在两个低黏度带（Meissner and Mooney，1998）（图 1-4）。因此，大陆在俯冲过程中，由于大陆地壳上、下不同部位岩石组成的差异以及它们具有不同的力学性质、矿物组成和化学成分等，有可能沿不同深度的低黏度带发生壳内拆离解耦，形成几个高压-超高压变质的板片并逆冲折返。此外，通过对苏北大陆科学钻探（CCSD）岩芯的普通 Pb 和氧同位素研究还发现俯冲陆壳内的古断层带因其曾是流体通道及所发生的水岩作用而弱化，也能在俯冲过程中发育成壳内拆离面（Li et al.，2009）。

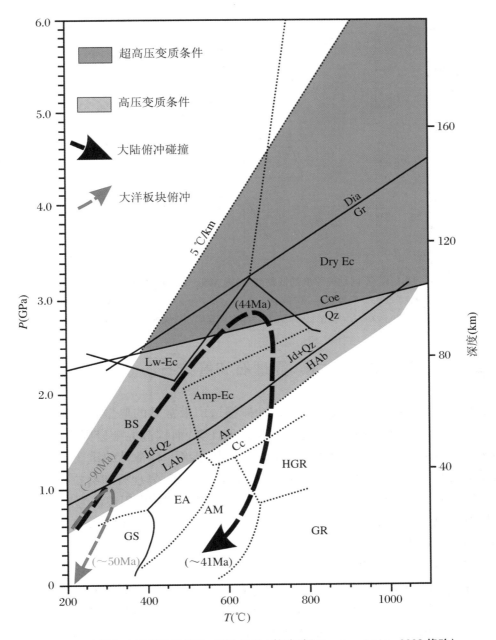

图 1-3 大洋与大陆板块的俯冲-折返 *P-T-t* 轨迹（据 Ernst and Liou,2008 修改）

黑断线表示喜马拉雅大陆碰撞带,红断线表示弗朗西斯科大洋俯冲带。缩写符号含义（后文类似）,见 Whitney and Evans（2010）

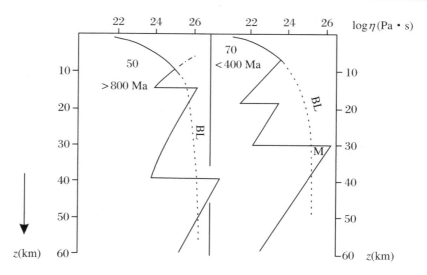

图 1-4　不同地壳深度的低黏度带（据 Meissner and Mooney，1998）

两种简单的黏度-深度模型：富石英的上地壳、富长石的下地壳以及富橄榄石的地幔。

其中，横坐标为黏度，纵坐标为深度；BL＝拜尔利定律；M＝地幔

四、构造混杂岩、增生楔、复理石和磨拉石

复理石和磨拉石是汇聚板块边缘俯冲碰撞造山带常见的典型岩石类型，也是识别和佐证大洋板块俯冲和碰撞造山过程的重要见证者；而构造混杂岩则是碰撞造山带常见的构造岩石单位或现象。增生楔则是汇聚板块边缘一种常见的重要构造岩石单位，是大洋板块俯冲增生的结果。因此，构造混杂岩、增生楔、复理石和磨拉石以及蛇绿岩、双变质带（paired metamorphic belts，见后文）和超高压变质作用被认为是板块构造作用的最特征性鉴定标志（the most diagnostic indicators）（Condie and Kröner，2008；Brown，2009，2014）。

1. 构造混杂岩与滑塌沉积

构造混杂岩（tectonic mélange）（简称"混杂岩"）是指不同岩性、不同成因、不同形状大小、不同时代、不同变质程度的岩石共生在一起的地质体。它包括岩块和基质两部分（图 1-5）。岩块指相对较坚硬的脆性岩石，因构造作用而破碎呈块状，可以是砂岩、砾岩、灰岩、花岗岩、基性岩及各种变质岩等；基质指在构造混杂岩的形成过程中，那些在固态下不同程度地嵌入岩块之间空隙中的物质，一般是相对塑性的岩石，并普遍发生剪切作用。它的主要特征是碎块大小极不均一，构造杂乱而不连续，在较硬的岩石碎块的周围必定有可塑性物质存在，这种构造混杂岩的特点与一般的构造岩（或断层岩）有很大的区别。对于这种构造混杂岩，人们曾使用不同的术语予以描述，直到 20 世纪初，Greenly（1919）在研究英国威尔士安格尔西岛的莫纳杂岩（mona complex）时，使用了原地碎屑混杂岩（autoclastic mélange）一词，并指出它是构造作用的产物，包围坚硬岩石碎块的基质，是较容易变形物质经剪切作用形成的。

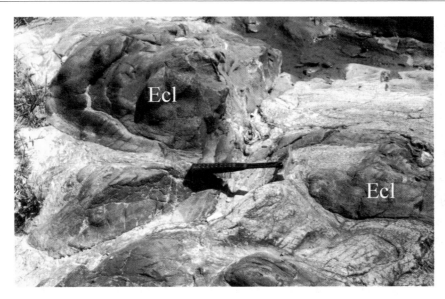

图 1-5　大别山片麻岩中榴辉岩(Ecl)构造透镜体/岩块及变形(湖北省丰店)

后来,混杂岩在环太平洋和特提斯带等地相继被发现,但存在着构造成因和沉积成因的长期争论,后者强调它是海底浊流和重力滑坡等非构造作用的产物。直到 1968 年板块构造理论盛行后,混杂岩才有了合理的解释。许靖华(Hsü,1968)指出弗兰西斯科混杂岩正是大洋板块大规模俯冲过程的产物。这一认识标志着板块构造理论的重大进展和突破。

混杂岩由外来岩块、原地岩块和基质三个部分组成。

(1) 外来岩块

外来岩块是指离混杂岩带主体较远的与主体成分无关的其他地层岩石成分,由大规模逆掩断层从远处推覆而来,因而其连续性、成层性均遭到破坏而成为岩石碎块,在岩石组合和时代等方面与原地岩石成分差别很大。外来的蛇绿岩和复理石砂岩层破碎时形成的脆性岩石碎块和颗粒好像悬浮在基质中似的,除原来产在野复理石中的巨大岩块之外,又增加了比这些岩石更强的构造变形与改造。

(2) 原地岩块

原地岩块是一些曾经与基质成互层(或夹层)的较坚硬的脆性岩石,因构造剪切作用而破碎,未经长距离移动,有时可以和相邻岩块拼贴起来而恢复原状。其时代、化石与基质一致。其岩石多为砂岩、砾岩、灰岩、基性岩、超基性岩和变质岩等。

(3) 基质

基质是指在构造混杂岩的形成过程中,那些在固态下不同程度地嵌入于原地岩块或外来岩块之间空隙中的物质。它一般是相对塑性的岩石在强大压力作用下,普遍发生剪切甚至流动现象挤入岩块间的空隙中去的物质。基质岩石一般多为受不同程度区域变质作用的泥质岩和受剪切作用的蛇纹岩等。构造混杂岩的基质常是磨碎了的蛇纹岩物质,在一定程度上已与复理石岩系的泥岩混杂在一起,有时前者居多,有时后者居多。

如果混杂岩中的岩块为洋壳残片或碎片和基质主要为深海软泥等海相沉积物,则之称为蛇绿混杂岩(ophiolite mélange)。

由于混杂岩或蛇绿混杂岩主要是在板块俯冲和碰撞过程中形成的并且常常呈带状产出,因此,其又被称混杂岩带或蛇绿混杂岩带。它是板块作用的重要证据,也是确定古板块地缝合线的重要标志之一。如果已经发生变质,则称为变质混杂岩或变质蛇绿混杂岩。

滑塌沉积(olistostrome)是一种在正常地层层序中产生的一种沉积物,在岩石成分上由一些非均质物质彼此混杂在一起,是借助于海底滑坡或非固结的沉积物崩塌而聚集起来的半流动体。在任何滑塌沉积(有人称"滑塌堆积")中都可以辨认出"胶结物"或"基质"是以泥质为主的非均质物质,它含有较坚硬的分散岩块,小如卵石,大如数平方公里的"漂砾"。滑塌沉积常缺少真正的层理,可作为填图单位,常呈透镜体状夹在正常的地层层序中。在垂直方向上以正常海相沉积的下伏和上覆岩系为界,而且含有可用以鉴定时代和环境的原地化石的杂乱堆积物。从成因上看,它是沉积作用形成的,与构造作用造成的构造混杂岩很易于区别,但是一旦遭受后期构造作用的破坏,两者便难以区分(图1-6)。

图1-6 瑞士阿尔卑斯滑塌沉积及其变形

2. 增生楔、复理石和磨拉石

增生楔(accretionary wedge),又称"增生杂岩(accretionary complex)"或"增生棱柱体(accretionary prism)",发育于海沟和岛弧之间,是汇聚板块边缘俯冲带构造-岩浆-沉积作用的综合产物,涉及洋-洋或洋-陆汇聚消减过程中通过刮削、滑塌、底侵、底辟和逆冲等多种地质作用,为俯冲的大洋板块从海沟下潜时被上盘板块刮下来的沉积盖层和洋壳碎片,连同原地深海沉积物堆积到海沟的向陆一侧而成,呈楔形地质体,以发育双冲构造(duplex)以及紧闭-倒转褶皱等为典型特征。它们主要形成并分布于汇聚板块边缘,不仅是链接沟-弧系的纽带,而且是弧前盆地基底的重要组成部分。它的形成受俯冲角度、弧前构造隆升-垮塌、构造剥蚀作用和沉积物供给量的共同制约。增生楔由海沟复理石、远洋-半远洋沉积物和洋岛/海山/大洋高原物质共同组成,可包含有高压变质岩、微陆块和蛇绿岩残片,如美国加利福尼亚弗朗西斯科杂岩(Wakabayashi,2015)、日本四万十市增生楔(Isozaki et al.,1990;Wakita,2012)、新西兰陶利斯增生楔(Cooper and Palin,2018)、希腊中部罗多彼(Rhodope)增生楔(Barr et al.,1999)、巴基斯坦西南莫克兰(Makran)增生楔(Platt et al.,1985)、中亚造山带西准噶尔地区晚石炭世增生楔(Şengör and Natal'in,1996;Xiao et al.,2008)、南祁连石灰窑-顶帽山增生楔(闫臻等,2021;及所引文献)等。增生楔是增生型造山带中较常见的岩石大地构造单位之一,与弧前盆地、岛弧/大陆边缘弧共同作为增生型造山带的主要识别标志,三者的时空配置关系可直接指示大洋板块的俯冲极性,并揭示洋盆演化历史。

　　浊积岩(turbidite)是具有"韵律层理或递变层理"的岩石组合,为浊流沉积的结果。浊积岩有深海型与浅海型之分:① 深海浊积岩产于深水页岩中,而浅海浊积岩则与浅海型的岩石相依存;② 巨厚的、大面积的浊积岩沉积需要长时间多次阵发性浊流和巨大的斜坡带提供物质,应当是大陆斜坡带以下的深海沉积,而浅海浊积岩因为物质来源的限制,一般不能形成很大的厚度;③ 所含化石种类有很大差异。

　　复理石(flysch)属于浊流沉积中的一种特殊岩石类型,它是薄的浊积砂岩和深海页岩的互层组成的巨厚沉积岩系(图1-7),为深海浊积岩。而碰撞造山带中发育的复理石对应于大洋板块的俯冲阶段、形成于海沟环境,但是,大多数都经历了不同程度的变质作用,因此常称为变质复理石(Xu et al.,1996)。

图 1-7　瑞士阿尔卑斯复理石
浅色者为(粗粒-中细粒)砂岩-粉砂岩,深色者为(细粒)页岩

　　磨拉石(molasse)发育于碰撞造山带的隆起阶段,以快速沉积的粗碎屑岩为主要成分、厚度也比较大为特征,形成于山前凹陷带。其成分复杂,如砾岩、砂岩、灰岩、泥灰岩、板岩、千枚岩以及少量的榴辉岩、大理岩、片岩、石英岩、片麻岩和花岗岩等,主要成分为

砾岩。如大别山北淮阳带中生代盆地中的磨拉石（图1-8）和北秦岭商丹带古生代变形的磨拉石（图1-9）。根据砾石的成分、分选性以及磨圆度和胶结物的类型等，可以通过沉积岩石学、变质岩石学和同位素年代学等研究方法，重建造山带的隆升和剥蚀速率以及约束造山作用时间等。

图1-8　大别山北淮阳带中生代磨拉石（金寨）

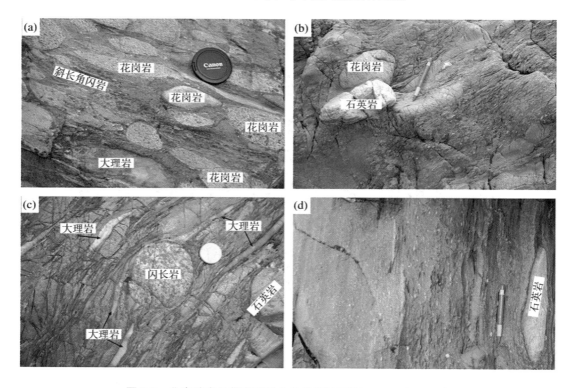

图1-9　北秦岭商丹带变形的古生代磨拉石（Dong et al.，2013）

五、板块缝合带位置的确定

归纳起来,板块缝合带位置的确定依据主要包括以下几个方面:

1. 板块缝合线/俯冲带/深海沟

板块缝合线或缝合带,是指两个大陆板块相向碰撞的结合带,它代表古板块的汇聚边界(convergent boundary)。俯冲带是地壳发生俯冲和消减的位置,位于板块边缘,而缝合带则是介于两个板块之间。但有时俯冲带也是两个板块的交界线,例如现代的深海沟。因此,它们是刚性板块发生俯冲、消减的重要场所。

2. (变质)蛇绿混杂岩

蛇绿岩(ophiolite),常出露于汇聚板块边缘,被认为是代表消失了的古洋壳和上地幔残片(Dewey and Bird,1971;Coleman,1977),是板块构造作用的一种可靠指示标志(a reliable indicator)(Condie and Kröner,2008),因而也是缝合带位置确定的重要鉴定标志之一。蛇绿岩是一套岩石组合,又称蛇绿岩套(ophiolite suite),自下而上剖面依次为超镁铁质杂岩(方辉橄榄岩、二辉橄榄岩和纯橄岩,大多数已蛇纹石化,甚至形成蛇纹岩)、镁铁质堆晶辉长岩、镁铁质席状岩墙、枕状玄武岩、远洋沉积(包括远洋灰岩、硅质岩和页岩)等岩石组成。然而,蛇绿岩在就位过程中常因构造作用而发生肢解,并且在大洋板块俯冲过程中被刮削而卷入到增生楔中;随着板块之间的汇聚、碰撞,逐渐形成蛇绿混杂岩。因此,完整的蛇绿岩剖面是很少见的,通常情况下,蛇绿岩作为增生楔的一部分,普遍构造侵位于碰撞造山带中,并且,常常因大洋俯冲和板块碰撞而发生变质作用和构造变形成为变质蛇绿混杂岩,它被认为是研究和恢复古洋盆演化历史的最佳对象,并作为古俯冲带或古洋壳/洋盆存在的标志性证据而长期备受地质学家的关注。正如前文所述,(变质)蛇绿混杂岩带是两个板块相互碰撞,或一个板块向另一个板块俯冲时形成的;它是板块构造作用的重要证据,也是鉴定两个板块之间俯冲碰撞作用的重要标志。图1-10展示的是柴北缘超高压的变质蛇绿混杂岩(Song et al.,2014)。值得特别强调的是,与蛇纹岩伴生的各种岩石类型的交代作用,在显生宙造山带内是广泛存在的。其中,受钙质交代作用的镁铁质岩石称为异剥钙榴岩(rodingite)(Coleman,1967,1977)。异剥钙榴岩是一种富钙的、硅不饱和的岩石,典型的矿物组合为含水钙铝榴石、含水钙铁榴石、绿帘石、符山石、绿泥石和透辉石,次要矿物为金云母、葡萄石、蛋白石、绿纤石和沸石,通常主要由镁铁质岩石在蛇纹岩化过程中被 Ca 质交代或洋底岩石的异剥钙榴化而形成的。然而,尽管该类岩石的成因可能具有多样性,但是它们常常是蛇绿岩的重要组成之一,并与蛇纹岩或蛇纹石化橄榄岩等岩石密切共生(Coleman,1977;Ferrando et al.,2010;及所引文献),因而是变质蛇绿岩或变质蛇绿混杂岩的最特征性岩石组分和典型的岩石学识别标志。

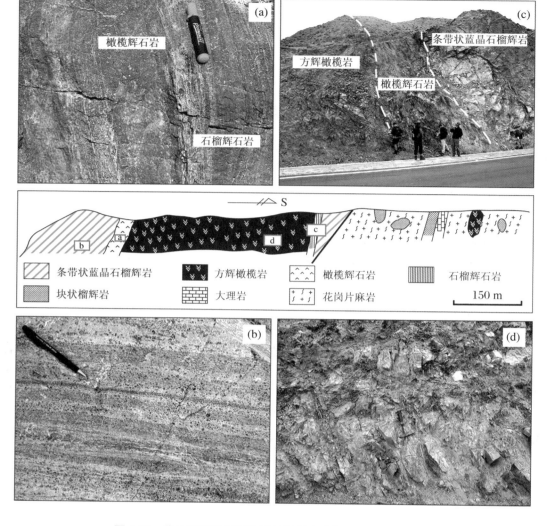

图 1-10　柴北缘超高压的变质蛇绿混杂岩(Song et al.,2014)

(a) 超高压变质的超镁铁堆晶岩;(b) 起源于堆晶辉长岩的蓝晶石榴辉岩;(c) 蛇纹石化方辉橄榄岩、石榴辉石岩和条带状蓝晶石榴辉岩的野外产状;(d) 蛇纹石化方辉橄榄岩

3. 双变质带(高压低温/低压高温变质带)

沿深海沟,洋壳俯冲带地面下的相当深度,洋壳上冷的物质会被带入另一板块之下,故这一带温度仍较低。同时,由于板块运动和巨大的汇聚挤压力,再加上上覆板块的静压力,这里就会形成高压低温变质带。常见的高压低温矿物有蓝闪石、硬柱石、绿纤石和文石等,因而也称为蓝闪石变质带。与此相对,在俯冲带前端部分熔融物质上升区,由于岩浆与火山作用,从下面上升的岩浆温度很高,可形成区域高地热梯度。同时由于接近地表,压力较小,在这里形成高温低压变质带,特征矿物有红柱石等。都城秋穗(Miyashira,1961)把这种现象称为成对的变质带(paired metamorphic belts),常称双变质带。高压变质带常见于海洋一侧,高温变质带常见于大陆一侧。俯冲带是由高压低温变质带向高温低压变质带方向倾斜的(图1-11),两者变质时代相同或相近,呈平行延伸。

因此,双变质带的空间分布可指示板块俯冲方向。而且,双变质带的出现被认为是地壳俯冲和板块构造作用的重要鉴定标志,最早出现双变质带可能在～2.5 Ga(Brown,2009,2014)。

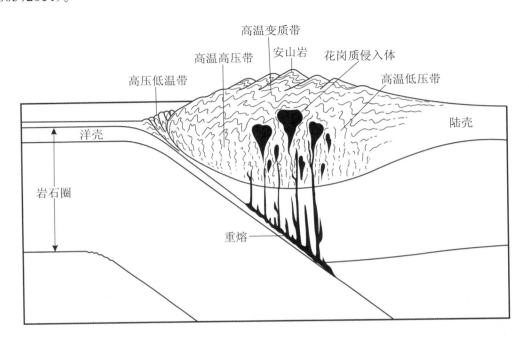

图1-11　大洋俯冲带及双变质带示意图(W.K. Hamblin,1985,《The earth's dynamic systems》; 转引自温献德,1998,《地史学》)

4. 岛弧/钙碱性岩浆岩的分布

岛弧是弧形连接的一系列岛屿,由火山岩组成。它们大多数位于大洋俯冲带上盘即洋-陆交界部位,弧的凸侧一般朝向大洋,与海沟一起共同组成沟-弧系。其特征性岩浆岩主要是安山质火山岩及少量钙碱性侵入岩,常呈带状分布。通常,火山作用早期阶段属拉斑质岩石(以玄武岩、玄武质安山岩为主);其后以钙碱质熔岩(以安山岩为主)为主阶段;最后以碱质或橄榄粗玄质熔岩为特征。其形成与大洋俯冲过程有关。当俯冲带与大陆边缘尚有一定距离时,则喷发的物质就在海洋中生成火山岛。这些火山岛连接起来,成弧形分布,即为岛弧。如日本火山岩带平行岛弧延伸呈带状排列,外带紧靠火山前锋为拉斑玄武岩系列,中带为钙碱性系列岩石,内带为碱性系列岩石。西太平洋沿岸一带,岛弧非常发育。如果俯冲紧靠大陆边缘,则侵入体或火山岩发生于大陆边缘,如南美洲的安第斯山脉,可称之为陆缘弧。

5. 蓝片岩

蓝片岩(blue schist),又称蓝闪石片岩(glaucophane schist),是一种富含钠质闪石的变基性岩,主要由蓝闪石、硬柱石、硬玉、硬绿泥石等矿物组成,属于典型的高压低温变质岩(图1-12)。它通常是由洋壳变质形成的俯冲带特征性岩石类型,常位于靠近俯冲带的一侧。蓝片岩的形成需要不寻常的冷的上地幔地热梯度,因此,目前常发现于大洋俯冲带

（van Keken et al.，2002；Stern，2005）。世界上已知最老的蓝片岩是新元古代形成的（700～800 Ma；Maruyama et al.，1996），并被认为是现代板块俯冲较早开始的典型岩石学标志之一（Stern，2005）。图 1-13 展示的是北祁连早古生代蓝片岩野外表现及显微矿物学特征。

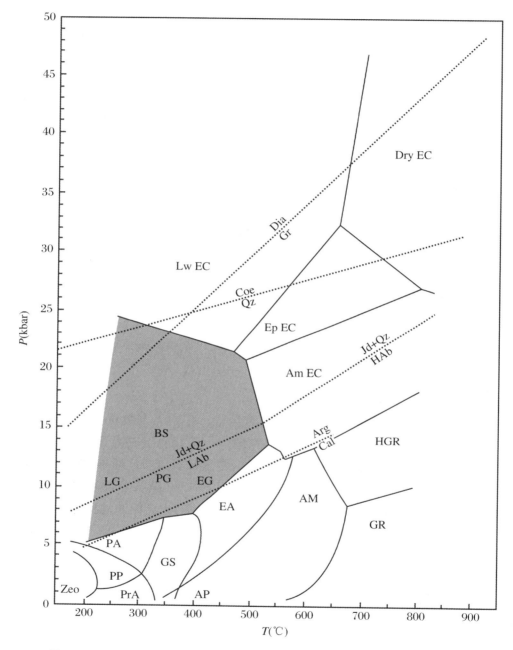

图 1-12　蓝片岩及相关变质岩石的 P-T 稳定域（据 Maruyama et al.，1996 修改）

变质相名称缩写：BS＝蓝片岩；Zeo＝沸石；PP＝葡萄石-绿纤石；PrA＝葡萄石-阳起石；PA＝绿纤石-阳起石；GS＝绿片岩；AP＝阳起石-钙质斜长石；EA＝钠长绿帘角闪岩；AM＝角闪岩；HGR＝高压麻粒岩；GR＝麻粒岩；EC＝榴辉岩；LwEC＝硬柱石榴辉岩；DryEC＝干的榴辉岩；AmEC＝角闪石-榴辉岩亚相；EpEC＝绿帘石-榴辉岩亚相；PG＝绿纤石-蓝闪石亚相；EG＝绿帘石-蓝闪石亚相；LG＝硬柱石-蓝闪石亚相

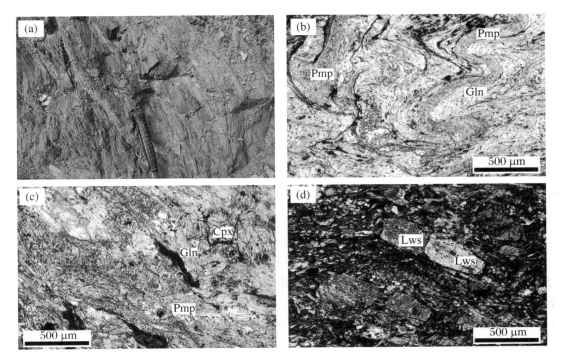

图 1-13　北祁连早古生代蓝片岩（Song et al.，2009）

（a）伴有等斜褶皱（isoclinal fold）的蓝片岩野外照片；（b）～（d）为蓝片岩的显微照片；其中，（b）为蓝闪石（Gln）和绿纤石（Pmp）的微褶皱；（c）为早期单斜辉石（Cpx）被 Pmp + Gln 所替代；（d）为长英质蓝片岩中硬柱石（Lws）和蓝闪石

6. 榴辉岩及超高压变质作用

榴辉岩（eclogite）通常是由石榴子石、绿辉石和金红石等矿物组成的变质岩，属于典型的高压-超高压变质岩，其形成通常被认为与洋壳/陆壳俯冲等高压-超高压变质过程有关。尤其是含硬柱石的低温高压榴辉岩，一般被认为与大洋板块的冷俯冲相关，且仅在显生宙地体中广泛产出（Tsujimori et al.，2006）。表壳岩中柯石英（Chopin，1984；Smith，1984）和金刚石（Sobolev and Shatsky，1990；Xu et al.，1992）等标志性超高压变质矿物的发现表明，地壳岩石可以俯冲到大于 80 km 的地幔深度，经历超高压（≥2.5 GPa）变质作用并折返至地表，这已得到实验岩石学和数值模拟等方面的验证（刘贻灿和张成伟，2020；及所引文献）。因此，榴辉岩及超高压变质作用被认为是板块俯冲过程的典型岩石学记录和关键鉴定标志。

7. 其他

如①古生物的分区、②沉积相的重大差异、③古地磁的差异、④地震震中的分布等也都常用来确定两个碰撞板块之间的古缝合线（带）位置。

上述 7 个方面也涉及板块构造作用的主要识别标志（Stern，2005；Condie and Kröner，2008；Brown，2009，2014）。其中，蛇绿岩、蓝片岩和超高压变质岩被认为是现代板块构造作用的最直接地质证据（Stern，2005）。

第二章 大别造山带的特征性构造岩石单位和演化

本章是在第一章概述的"碰撞造山带的基本理论"和"深俯冲地壳岩石折返机制建立的一些基本原则和前提条件"基础之上,以大别碰撞造山带为例,重点系统归纳总结了大陆俯冲碰撞过程中与俯冲地壳内部拆离-解耦和差异折返、造山作用以及碰撞后山根垮塌等相关的特征性构造岩石单位(lithotectonic unit)(徐树桐等,1992,1994,2002;Liu et al.,2007a,2011a,2015,2017;Xu et al.,2012)的同位素年代学、岩石地球化学、岩石学和构造地质学等方面的特点和证据,并讨论了它们的科学意义和有待于进一步解决的有关关键科学问题,以期有助于大陆俯冲动力学的进一步研究和深化。

第一节 引 言

中国中部近东西向延伸、长约 2000 km 的秦岭-桐柏-大别-苏鲁造山带是一条复合型造山带,主要由华北和华南(扬子)两大陆块碰撞形成,并在陆-陆碰撞之前经历了长期的大洋俯冲、岛弧增生和弧-陆碰撞等复杂过程(Mattauer et al.,1985;许志琴等,1988,2015;张国伟等,1988,2001;Ma,1989;徐树桐等,1992,1994,2002;杨经绥等,2002;Yang et al.,2003a,b;Dong et al.,2011;Wu and Zheng,2013;Dong and Santosh,2016),形成了南、北分带的中生代碰撞造山体系和古生代增生造山体系(刘晓春等,2015)。然而,由于沿造山带横向上构造过程的复杂性、多期性、复合性、叠置性和穿时性(许志琴等,2015),不同地段出露的构造岩石单位及其岩石组成差别较大。其中,秦岭-桐柏-红安造山带均保留了明显的古生代洋壳俯冲的证据,如北秦岭商丹蛇绿混杂岩和古生代岛弧成因的岩石(如张国伟等,1988,2001;孙卫东等,1995;董云鹏等,2007;裴先治等,2009;Dong et al.,2011;Dong and Santosh,2016;Liu et al.,2016)、桐柏-红安北缘古生代变质复理石(Liu et al.,2004,2011b)、定远岛弧成因变质火山岩(Li et al.,2001)以及熊店、胡家湾和苏家河古生代洋壳成因榴辉岩(Sun et al.,2002;Cheng et al.,2009a;Wu et al.,2009)。然而,东部大别-苏鲁造山带中却鲜见古生代大洋俯冲的记录和证据:一方面可能与三叠纪陆-陆强烈碰撞改造、燕山期山根垮塌与热事件叠加以及多期构造作用和破坏等有关，进而影响了人们认识华北与华南板块之间的古生代-中生代演化的横向分布；另一方面也与研究程度有关。秦岭-大别-苏鲁造山带，又称中央造山带（杨经绥等，2002），新元古代以来，从冈瓦纳大陆分离的南、北中国板块，经过原特提斯洋和古特提斯洋的演化以及板块多次离散、汇聚和碰撞，形成显生宙以来以原特提斯和古特提斯为主体的复合构造格架，以及以古生代和印支期为主体的秦岭-大别-苏鲁复合造山系（如，Mattauer et al.，1985；Hsü et al.，1987；许志琴等，1988，2015；张国伟等，1988，2001；Jin，1989；Ma，1989；杨经绥等，2002；Ratschbacher et al.，2003，2006；刘良等，2013；Liu et al.，2016）。实际上，北秦岭古生代造山带及商丹洋在大别山及相邻地区的东延问题至今仍没有解决。Dong et al.（2011）根据区域地质背景分析，认为商丹洋/商丹缝合带可能通过北秦岭向东延伸（图2-1），但至大别山之后，如何衔接，仍是值得研究的问题；刘晓春等（2015）根据桐柏造山带的研究，推测古生代商丹洋可能向东延伸到信阳乃至商城以西地区。然而，北淮阳带（尤其商-麻断裂以东）尚缺乏与之相对应的古生代大洋俯冲、岩浆作用和变质作用等方面的岩石学记录，直到最近，作者等（刘贻灿等，2020，2021）发现金寨县铁冲石榴斜长角闪岩及相伴生的大理岩经历了石炭纪变质作用，并发现该地区发育与大洋俯冲相关的早古生代奥陶纪（457±2 Ma）岛弧成因花岗岩。由此，限定并完善了大别碰撞造山带印支期大陆俯冲碰撞之前的古生代演化过程，尤其重要的是为秦岭-桐柏造山带的东延（特别是北秦岭的东延）以及大别山碰撞造山带的古生代俯冲增生和华北-华南陆块之间汇聚、拼贴过程提供了新的制约，这也是解决当前对该区古生代大地构造演化认识上分歧的关键。

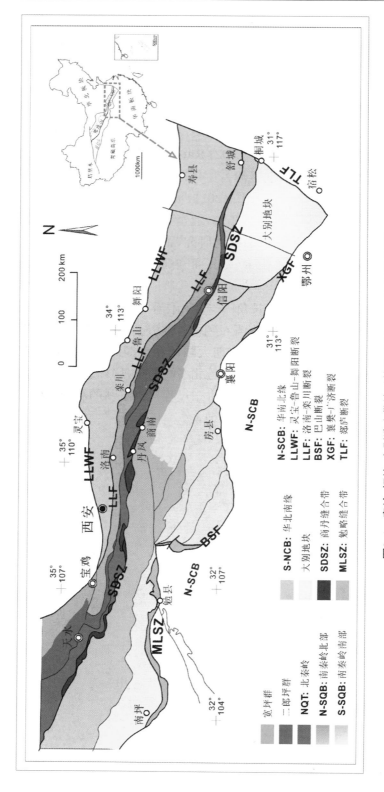

图2-1　秦岭~桐柏~大别造山带地质图简图(据Deng et al., 2011修改)

第二节　特征性构造岩石单位及主要边界断裂

大别山是秦岭造山带的东延部分,东端被郯-庐断裂带所切割(图 2-2)。郯-庐断裂带以东的苏鲁造山带是大别山东延并位移了的部分。在地质位置上,它位于华北和华南两个大陆板块之间,是华南板块向华北板块之下俯冲形成的三叠纪大陆碰撞造山带(徐树桐等,1992;Xu et al.,1992;Li et al.,1993),发育了与板块俯冲和碰撞过程相关的、不同变质等级的特征性构造岩石单位(徐树桐等,1992,1994,2002;Liu et al.,2007a,2017;Li et al.,2017,2020a)。而且,大别山因含柯石英(Okay et al.,1989;Wang et al.,1989)和金刚石(Xu et al.,1992)超高压变质带出露的规模巨大和岩石类型齐全而闻名于世。此外,大别山"特征性构造岩石单位",最早是由徐树桐等(1995)在前期"构造单元"(徐树桐等,1992)或"构造岩石单位"(徐树桐等,1994)划分基础之上明确提出的:"大别山地区出露的岩石中,大部分都经历过多期变质作用和复杂的变形过程。其中,副变质岩是无序的层状;正变质岩也因多期变质和变形事件的叠加而有复杂的岩性成分和结构,因而其原岩岩性已面目全非。但通过研究可以发现,大部分岩石组合具有相似的变质过程和变形历史。我们把具有相同或相似变质过程和变形历史的这种单位称为构造岩石单位,对其中具有最醒目、最特征的标志从而能反映其构造背景和变质、变形过程的称为特征性构造岩石单位"。根据目前的认识,从南到北,大别山可分为前陆带、宿松变质带、南大别低温榴辉岩带、中大别超高压变质带、北大别杂岩带及北淮阳带等特征性构造岩石单位(图 2-2)。然而,根据区域地质背景分析和沉积地层的物源研究等,大别山印支期陆-陆碰撞之前,华北与华南陆块之间应该存在已经消失的古大洋和相关岛弧(徐树桐等,1992,1994,2002;李任伟等,2005;李双应等,2011;Xu et al.,2012;Zhu et al.,2017)。直到最近,刘贻灿等(2020,2021)获得了大别山古生代大洋俯冲和南北板块汇聚过程的最直接的岩石学和年代学方面证据。因此,大别山中生代大陆俯冲碰撞事件是叠加在古生代大洋俯冲增生事件基础之上的,是一个典型的复合型造山带,它使北淮阳带经历了复杂的演化过程并发育成了具有南、北板块混合构造属性的复杂构造岩石单位。

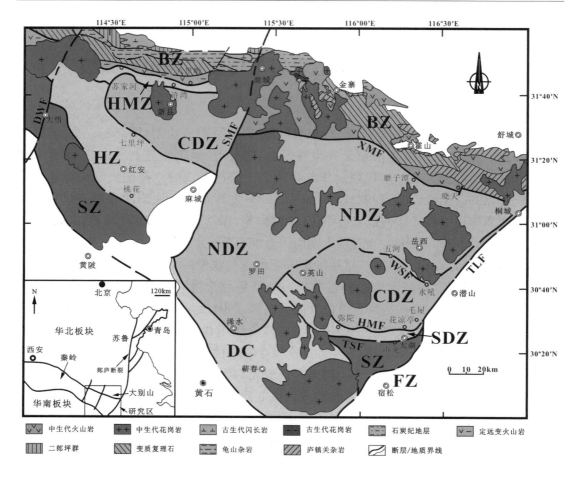

图 2-2　大别山造山带的地质简图(据 Liu et al.,2007a 修改)

BZ:北淮阳带;NDZ:北大别杂岩带;CDZ:中大别超高压变质带;SDZ:南大别低温榴辉岩带;SZ:宿松变质带;FZ:前陆带;HMZ:浠湾混杂岩带;HZ:红安低温榴辉岩带;DC:角闪岩相大别杂岩;XMF:晓天-磨子潭断裂;WSF:五河-水吼断裂;HMF:花凉亭-弥陀断裂;TSF:太湖-山龙断裂;TLF:郯-庐断裂;SMF:商(城)-麻(城)断裂;DWF:大悟断裂

一、北淮阳带

北淮阳带位于大别山的最北部(图 2-2),主要包含三套岩石,即:① 岩浆岩;② 变质岩;③ 盆地沉积。其中,北淮阳带西段(商-麻断裂以西),主要由二郎坪群、原"信阳群"南湾组(变质复理石)和龟山组(又称龟山杂岩)、原"苏家河群"中定远组和原石炭纪梅山群等岩石单位以及变质火成岩、古生代闪长岩等花岗岩类岩石和中生代岩石等组成(图 2-3)。其中,原岩时代为新元古代晚期(~630 Ma;Liu et al.,2017)的变质(橄榄)辉长岩沿苏家河-八里畈断裂的北侧,从千斤河棚乡王母观向西经苏家河至信阳南部西双河和桐柏一带呈大小不等的岩块或岩片出露,千斤河棚乡向东经吴陈河乡至八里畈乡一带也有类似岩石断续分布。其围岩主要为原"定远组"变质火山岩,目前表现为含石榴子石绿帘云母石英片岩。二者之间为断层接触,统称为定远变质火山岩带(刘贻灿等,2006)

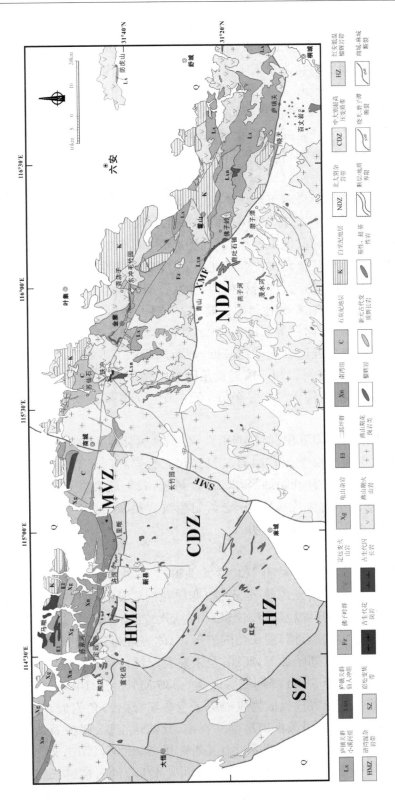

图2-3　北淮阳带及相邻地区地质简图

或肖家庙-八里畈构造混杂岩带(刘晓春等,2015)。其南、北分别与浒湾混杂岩带和"南湾组"变质复理石等构造岩石单位相邻,再向南为新县超高压变质带。而且,变质复理石的形成和演化过程的厘定被认为是揭示南、北秦岭关系的关键(Ma,1989)。原苏家河群"浒湾组"中既有石炭纪洋壳俯冲成因榴辉岩(如熊店),又有三叠纪陆壳俯冲成因榴辉岩,它们的原岩时代分别为古生代和新元古代(Sun et al.,2002;Cheng et al.,2009a;Wu et al.,2009),因而称之为浒湾混杂岩带(刘贻灿等,2006)或浒湾高压榴辉岩带(刘晓春等,2015),它的变质相及形成时代完全不同于岛弧成因的定远变质火山岩(表现为绿帘角闪岩相和形成时代为奥陶纪)(Li et al.,2001;刘贻灿等,2006)。

北淮阳带东段(商-麻断裂以东),主要由"佛子岭群"变质复理石(对应于"刘岭群"和信阳群"南湾组")、庐镇关杂岩(原"庐镇关群")和原石炭纪梅山群(杨山煤系)等构造岩石单位及中新生代岩浆岩和盆地沉积组成(刘贻灿等,2006,2010;图2-3)。其中,庐镇关杂岩主要包括原"小溪河组"新元古代变质花岗岩、变质中酸性火山岩(变粒岩和浅粒岩)和变基性岩等以及"仙人冲组"大理岩和相伴生的(石榴)斜长角闪岩等。然而,由于该区可能因印支期大陆的强烈碰撞改造和构造叠加,早期一些岩石单位被破坏而零星出露或者被盆地沉积所掩盖(徐树桐等,1992,1994,2002),造成一直未发现确切的与古生代大洋俯冲相关的岩石单位或记录。直到最近,刘贻灿等(2020,2021)在金寨县西部查明存在古生代(457±2 Ma)花岗岩和石榴斜长角闪岩中存在的石炭纪(355±5 Ma)变质记录,进而证明该带发育古生代岩浆岩并经历了石炭纪多阶段变质演化过程(见后文)。

1. 岩浆岩

除了中生代火山岩盆地沉积(包括燕山期火山岩,具体见后文)外,北淮阳带未变质的岩浆岩主要为中生代早白垩纪花岗岩、正长岩、二长岩和闪长岩等,金寨西部还发育少量早古生代奥陶纪花岗岩(刘贻灿等,2021)。最近,我们还在龚店子南(东冲毛竹园)(图2-3)发现了变形的早古生代奥陶纪-志留纪流纹质凝灰岩(产于原"小溪河组"中)。然而,古生代岩浆岩的成因有待于查明。

2. 变质岩

该类岩石主要包括原"佛子岭群"和"庐镇关群"。其中,"庐镇关群"又称庐镇关杂岩,主要包括原"小溪河组"新元古代(含石榴)变质花岗岩或花岗片麻岩、石榴黑云斜长片麻岩、变质中酸性火山岩(变粒岩/浅粒岩)和变基性岩/(石榴)斜长角闪岩等以及"仙人冲组"大理岩和相伴生的(石榴)斜长角闪岩等,总体表现为角闪岩相变质,局部有可能达到高压变质。最近研究(刘贻灿等,2020;及未发表资料)表明,大理岩及其相伴生的石榴斜长角闪岩经历了355±5 Ma峰期变质以及~330 Ma和~310 Ma等多阶段退变质作用。然而,变质的中新元古代火成岩仅经历了三叠纪(绿帘)角闪岩相变质作用,被认为是大别山俯冲陆壳内部最早被拆离解耦并在南、北陆块汇聚、碰撞及造山过程中被推覆到华北陆块南缘古生代浅变质岩系之上(刘贻灿等,2006,2010;刘贻灿和李曙光,2008)。最近,笔者研究组首次发现龚店子南(东冲毛竹园)的石榴黑云斜长片麻岩是形成时代为930~950 Ma的变质火山岩并经历了古生代多阶段变质演化,为北秦岭的东延提供了新的证据。因此,庐镇关杂岩的岩石组成及其时代和成因有待于进一步研究和查明。

原"佛子岭群",又称变质复理石(徐树桐等,1992),包括原"诸佛庵组""潘家岭组"和"祥云寨组",主要由板岩、千枚岩、(含石榴)变质粉砂岩、(石榴)云母石英片岩、石英岩等组成,总体表现为绿帘角闪岩相变质作用。岩石地球化学及岩石建造特征等表明,其原岩主要为杂砂岩和岩屑砂岩,少数为长石砂岩等,形成于华北陆块南部活动大陆边缘环境,是一套弧前复理石建造(刘贻灿等,1996)。该套岩石经历了多期褶皱变形和断层作用,但不同地段变形程度不等,局部地方由于褶皱和脆性断层作用破坏了地层的完整性而类似于阿尔卑斯造山带中的破碎地层单位(broken formation)。根据区域构造和地层对比分析(徐树桐等,1992;刘贻灿等,1998)以及碎屑锆石 U-Pb 定年结果(Chen et al.,2003;刘贻灿等未发表资料),推断变质复理石的形成时代为奥陶-志留纪(-泥盆纪?),其与古生代大洋俯冲有关。

3. 盆地沉积

该类岩石包括中-新生代磨拉石和火山盆地沉积,以及晚古生代石炭纪盆地沉积。中-新生代磨拉石沉积是指大别山以北的侏罗纪-第四纪盆地,局部称"合肥盆地"。称之为"磨拉石盆地"是因为其形成与大别造山带的隆升、剥蚀以及之后的反向冲断作用有关,即红色磨拉石及大规模的逆冲-推覆作用发生在侏罗纪或稍晚,所以又称之为"后陆磨拉石盆地"(徐树桐等,2002)。中侏罗统的三尖铺组和上侏罗统的凤凰台组出露在龙河口-响洪甸一线以北,岩性为厚层巨砾岩夹薄层砂砾岩。砾石呈次圆到次棱角状,砾径大小悬殊(几至几十厘米),有相当部分的砾径大于 50 cm,接触式胶结,为典型的磨拉石建造;砾石成分有变质砂岩、板岩、千枚岩、石英岩、大理岩、脉石英、花岗岩等。此外,金寨独山镇附近的晚侏罗世凤凰台组中发现有退变的含多硅白云母榴辉岩砾石(王道轩等,2001),其岩石学表现和矿物学特征类似于中大别超高压榴辉岩,由此表明晚侏罗时期大别山已经隆起、中大别及相关岩石已抬升至地表并受到剥蚀,榴辉岩等印支期深俯冲地壳岩石、"佛子岭群"变质复理石以及可能与早古生代大洋俯冲相关的岩石等成为上侏罗盆地沉积物的主要物源。上侏罗统还包括毛坦厂组和黑石渡组,分布在晓天、龙河口以及响洪甸等地,岩性为安山质、英安质的中酸性火山岩及火山-沉积岩;白垩系称为白大畈组,是一套粗面质或粗面安山质火山岩。这些晚侏罗-白垩纪的火山岩表现为碱性特征,指示典型的伸展环境下形成的盆地沉积。下第三系红砂岩和蒸发岩出露在盆地的北部,盆地南北两侧有零星的第三纪玄武岩。

沉积于盆地南缘局部地段并不整合于变质复理石之上的早石炭世的花园墙组及其上的杨山组(河南境内)和梅山群(安徽境内),特别是底部的砾岩层,其源区可能是与古生代洋壳俯冲有关的、由海相向陆相过渡的岩石建造。金福全等(1987)的古生物地层学研究表明:① 早石炭世杨山组砾石中含有形成时代主要为晚奥陶世-早志留世的珊瑚类、珊瑚类和牙形石类等化石组合。特别是砾石中所含 *Heliolites cf. Anhuiensis*(安徽日射珊瑚比较种),则见于扬子陆块的安徽含山早志留世高家边组和三峡早志留世罗惹坪组,证明灰岩砾石的源区为扬子陆块,也就是说,北淮阳地区存在类似于扬子的早古生代地层。② 晚石炭世胡油坊组发现了丰富的小型 *Protomonocarina*(原单脊叶肢介)

化石(仅见于华北陆块),指示晚石炭世北淮阳带和华北陆块处于同一个古生物区系,两者是联为一体的。因此,这不仅反映了北淮阳带与扬子陆块之间在石炭纪已经没有分隔性大洋,而且也证明扬子陆块和华北陆块在石炭纪以前已经拼接(Jin,1989)。这也与马文璞(Ma,1989)关于"大洋关闭发生在泥盆纪末之前"的认识一致。中侏罗统-白垩系则是与大陆碰撞有关的陆相磨拉石建造。

此外,北淮阳带石炭系未变质或轻微变质的沉积地层(如胡油坊组、杨山组等),记录了其物源信息和古生代的构造演化(李双应等,2011)。其中:① 碎屑岩的微量元素地球化学特征揭示其物源区的大地构造属性为岛弧;② 碎屑锆石 U-Pb 年龄和碎屑白云母的Rb-Sr 年龄也指示了岛弧的时代可能为早古生代(400~500 Ma)(Li et al.,2004a;李任伟等,2005;杨栋栋等,2012;Chen et al.,2009),这与北秦岭、桐柏及北淮阳带西段(定远变质火山岩)的岛弧时代相一致。侏罗-白垩纪盆地沉积物(李任伟等,2004,2005;王薇等,2017;Zhu et al.,2017;及所引参考文献)的碎屑锆石 U-Pb 年龄分析也表明,大别山北淮阳带东段经历过早古生代的岩浆活动。因此,石炭纪和侏罗-白垩纪盆地沉积地层的部分物源区类似于北秦岭等地的古生代岛弧岩石,这已被最近发现的金寨县铁冲早古生代奥陶纪变形、变质花岗岩(刘贻灿等,2021)所证实。

二、北大别杂岩带

北大别杂岩带,又称北大别高温变质带或北大别带,简称"北大别",大致分布于磨子潭-晓天断裂以南至龙井关-水吼-五河一线以北地区,其南、北分别为中大别超高压变质带和北淮阳带。该带高级变质岩的岩石类型主要有条带状花岗片麻岩类(包括英云闪长质片麻岩、花岗闪长质片麻岩及二长花岗质片麻岩)、(石榴)斜长角闪岩和少量的(蛇纹石化)变质橄榄岩、石榴二辉麻粒岩、紫苏磁铁石英岩、榴辉岩和含(蓝/红)刚玉黑云二长片麻岩等,低级变质或未变质岩石类型主要有中生代的辉石岩、角闪石岩、辉长岩、闪长岩和花岗岩类等。该带榴辉岩等高级变质岩石在中生代大陆俯冲碰撞期间经历了多阶段高温变质演化,尤其是强烈的麻粒岩相变质叠加和角闪岩相退变质作用(Xu et al.,2000;刘贻灿等,2001;Liu et al.,2007a,2011b,2015;Groppo et al.,2015;Deng et al.,2019),目前主要表现为角闪岩相变质矿物组合,局部保留麻粒岩相和榴辉岩相矿物组合。石榴子石和单斜辉石中针状矿物出溶体以及锆石中柯石英和石榴子石中金刚石等矿物包裹体指示北大别榴辉岩经历了压力 > 3.5 GPa 的超高压变质作用(Xu et al.,2003,2005;Liu et al.,2005,2011a,2011b;Malaspina et al.,2006)。榴辉岩的新元古代和三叠纪锆石 U-Pb 年龄(刘贻灿等,2000a;Liu et al.,2007a,2011a;Wang et al.,2012)和 Sm-Nd 矿物等时线年龄(Liu et al.,2005)证明北大别类似于中大别和南大别榴辉岩,属于印支期华南俯冲陆壳的一部分;而北大别条带状片麻岩的三叠纪变质时代(刘贻灿等,2000a;谢智等,2001;薛怀民等,2003;Liu et al.,2007b;Zhao et al.,2008;Xie et al.,2010)以及变质锆石中金刚石、金红石和石榴子石等矿物包体(Liu et al.,2007b)反映北大别片麻岩同样参与了大陆深俯冲。由此证明,北大别整体经历了三叠纪深俯冲和超高压变质作用(Liu et al.,2011b)。

"罗田穹隆"位于北大别带西南部的罗田及相邻地区,是大别山剥蚀最深的地区,除了原岩时代为新元古代的榴辉岩和花岗片麻岩(Liu et al.,2007a,2007b,2011a)外,局部还发育原岩时代为太古代的中酸性麻粒岩残留体,如黄土岭(原岩时代为2.7~2.8 Ga和变质时代为~2.0 Ga)(Chen N.S. et al.,1998;Chen Y. et al.,2006;Wu et al.,2008)、木子店(原岩时代为~3.6 Ga和变质时代为~2.5 Ga,是目前大别山已报道的最古老岩石)(作者未发表资料)等。而且,岩石地球化学和同位素年代学等方面研究(刘贻灿和李曙光,2005;Liu et al.,2007a;古晓锋等,2017)已经证明该带榴辉岩是新元古代镁铁质下地壳岩石在三叠纪发生深俯冲变质成因。此外,岩石学和年代学研究(Liu et al.,2007a,2007b,2011b;Deng et al.,2019,2021)表明,罗田一带榴辉岩和花岗质片麻岩同北大别带北部一样,原岩形成时代为新元古代并经历了三叠纪超高压榴辉岩相以及折返期间的高压榴辉岩相、麻粒岩相和角闪岩相退变质作用过程,不同之处是局部保留有新元古代麻粒岩相变质记录。此外,与中大别和南大别相比较,北大别榴辉岩等高级变质岩石经历了多阶段高温(>850 ℃)变质演化过程(Liu et al.,2015),特别是经历了多阶段麻粒岩相变质叠加(Liu et al.,2007a,2016;Groppo et al.,2015;Deng et al.,2019)、折返早期的减压熔融和山根垮塌期间的水致熔融等多期深熔作用(刘贻灿等,2014;Liu et al.,2015;Deng et al.,2019;Li et al.,2020b;Yang et al.,2020)以及燕山期大规模混合岩化作用(Liu et al.,2007b;Wu et al.,2007;Wang et al.,2013;Xu and Zhang,2017;Yang et al.,2020)。此外,北大别广泛发育145~110 Ma碰撞后侵入体(Jahn et al.,1999;Zhao et al.,2005,2007;Xu et al.,2007;He et al.,2011;李曙光等,2013;Yang et al.,2021;及所引文献)。

因此,北大别属于高温变质带,在中生代碰撞和山根垮塌期间经历了麻粒岩相等多阶段快速折返和变质演化并伴随多期深熔作用(图2-4和图2-5),榴辉岩表现为特征性的多阶段细粒矿物后成合晶组合和减压出溶结构以及多种岩石的部分熔融和混合岩化作用,这为深入了解俯冲碰撞造山带根部带的深部结构和演化过程等提供了极好的天然观测实验室和重要研究靶区。而且,北大别折返初期的高温减压熔融作用涉及(榴辉岩中)多硅白云母的减压熔融(Deng et al.,2019)、(含刚玉片麻岩中)白云母的脱水熔融(900~950 ℃,9~14 kbar;Li et al.,2020b)和(混合岩中)黑云母的脱水熔融(Yang et al.,2020)以及碰撞后山根垮塌期间有水加入的加热熔融(水致熔融)(Deng et al.,2019;Yang et al.,2020)(图2-5)。不同类型的深熔作用产生不同的岩石学记录和地球化学效应,如折返早期高温减压熔融造成榴辉岩的轻稀土元素明显亏损(古晓锋等,2013;Deng et al.,2018)、白云母脱水熔融形成含刚玉的黑云二长片麻岩(Li et al.,2020b)、黑云母脱水熔融形成含石榴子石的浅色体(Yang et al.,2020)以及山根垮塌期间的水致熔融形成混合岩中多种类型的浅色体(Yang et al.,2020)。

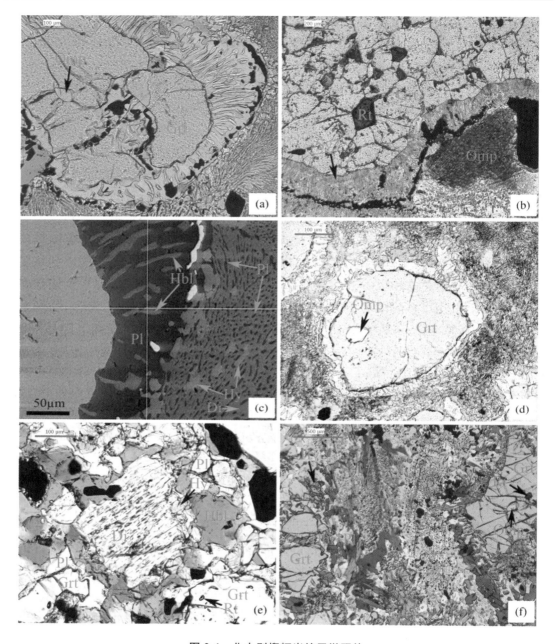

图 2-4 北大别榴辉岩的显微照片

（a）石榴子石中绿辉石包体及两期后成合晶，洪庙乡华庄（刘贻灿等，2001）；（b）石榴子石中含有金红石包体，石榴子石与绿辉石之间有两期后成合晶，洪庙乡百丈岩（刘贻灿等，2001）；（c）两期后成合晶的背散射图像，洪庙乡华庄（Liu et al.，2004c）；（d）石榴子石中绿辉石包体及两期后成合晶，英山县板船山水库（Liu et al.，2007a）；（e）含针状石英出溶体的透辉石具有紫苏辉石退变边，英山县金家铺（Liu et al.，2007a）；（f）多硅白云母减压分解为黑云母和斜长石交生体，罗田县石桥铺（刘贻灿等，2014）。两期后成合晶包括早期麻粒岩相退变质阶段形成的紫苏辉石＋透辉石＋斜长石等矿物组成的非常细粒后成合晶（Sy1）以及晚期角闪岩相阶段形成的角闪石＋斜长石±磁铁矿等矿物构成的后成合晶（Sy2）。Grt：石榴子石；Omp：绿辉石；Rt：金红石；Di：透辉石；Hy：紫苏辉石；Hbl：角闪石；Pl：斜长石；Phe：多硅白云母；Bt：黑云母

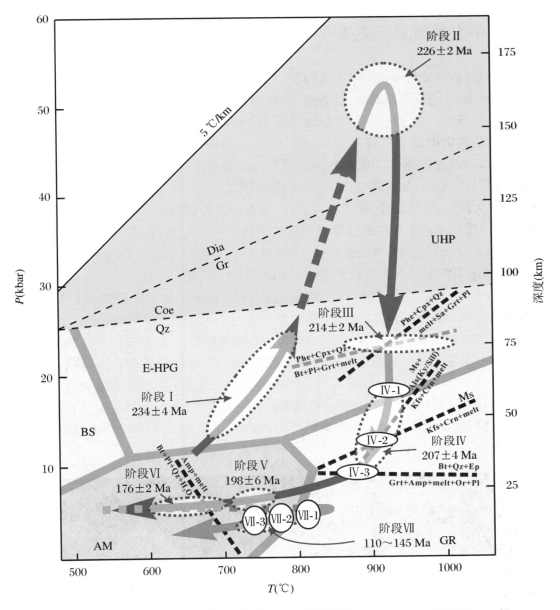

图 2-5　北大别榴辉岩及相关岩石的变质 P-T-t 轨迹（根据 Groppo et al.，2015；Liu et al.，2015，2016；Deng et al.，2019；Li et al.，2020b；Yang et al.，2020 编制）

草绿色线及箭头为北大别杂岩带 P-T-t 演化轨迹；红色线及箭头代表北大别折返初期的减压脱水熔融（207±4 Ma）及碰撞后山根垮塌阶段软流圈地幔上涌造成的水致熔融（110～145 Ma）。阶段Ⅰ:前进变质作用；阶段Ⅱ:超高压榴辉岩相变质作用；阶段Ⅲ:石英榴辉岩相退变质；阶段Ⅳ:麻粒岩相退变质，涉及Ⅳ-1:多硅白云母脱水熔融、Ⅳ-2:白云母脱水熔融和Ⅳ-3:黑云母脱水熔融；阶段Ⅴ:高角闪岩相退变质；阶段Ⅵ:低角闪岩相退变质；阶段Ⅶ:白垩纪山根垮塌及部分熔融和混合岩化作用，涉及混合岩中Ⅶ-1:富角闪石浅色体、Ⅶ-2:贫角闪石浅色体和Ⅶ-3:富钾长石浅色体形成阶段。Phe:多硅白云母；Cpx:单斜辉石；Qz:石英；Bt:黑云母；Pl:斜长石；Grt:石榴子石；Sa:透长石；Ms:白云母；Als:红柱石；Ky:蓝晶石；Sill:夕线石；Or:钾长石；Crn:刚玉；Ep:绿帘石；BS:蓝片岩相；EA:绿帘-角闪岩相；AM:角闪岩相；GR:麻粒岩相；E-HPG:榴辉岩-高压麻粒岩相

三、中大别超高压变质带

中大别超高压变质带,又称"中大别带",简称"中大别",大致分布于五河-水吼断裂以南至花凉亭-弥陀断裂以北地区,其南、北分别为南大别和北大别(图2-2)。东段主要分布于潜山-英山一带,西段(商-麻断裂以西)主要分布于新县一带。该带属于中温超高压变质带,是大别山最早发现柯石英(Okay et al. 1989;Wang et al.,1989)和金刚石(Xu et al.,1992;徐树桐等,1991,1994)(图2-6)的超高压变质单位。而且,该带出露了丰富的变质岩石类型,如榴辉岩、花岗片麻岩/变质花岗岩、黑云绿帘斜长片麻岩、石榴斜长角闪岩、大理岩、钙硅酸盐、硬玉石英岩、片岩及少量石榴橄榄岩和石榴辉石岩等。不同类型的变质岩都发现有柯石英等超高压变质的矿物学证据,如榴辉岩的石榴子石和绿辉石(Okay et al.,1989;Wang et al.,1989)、钙硅酸盐的白云石(Schertl and Okay,1994)、硬玉石英岩的硬玉和石榴子石(Su et al.,1996)以及片麻岩(Tabata et al.,1998;Liu et al.,2001;刘贻灿等,2019)、大理岩(Liu et al.,2006b)和榴辉岩(Liu F. L. et al.,2007)的锆石中含柯石英包体。其中,榴辉岩常呈大小不等、透镜状产出于大理岩、花岗质片麻岩/绿帘黑云斜长片麻岩、硬玉石英岩和石榴橄榄岩中,包括壳源和幔源成因。然而,碧溪岭和毛屋是中大别发育最大的两个超高压镁铁-超镁铁质杂岩体,但是,它们的Sr-Nd同位素成分有较大差异(图2-7)。Jahn等(2003)认为毛屋榴辉岩原岩是一个堆晶杂岩体,其在岩浆侵位和三叠纪俯冲-折返期间体系是开放的,并分别遭受了上地壳岩石的混染和之后的交代作用而表现出高的$(^{87}Sr/^{86}Sr)_i$比值(0.707~0.708)、负的$\varepsilon_{Nd}(t)$值(−10~−3)以及K和Rb等的亏损。

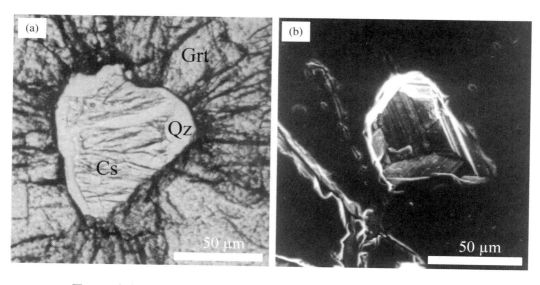

图2-6　中大别榴辉岩的石榴子石中柯石英(a)和金刚石(b)(Xu et al.,1992)

Grt:石榴子石;Cs:柯石英;Qz:石英

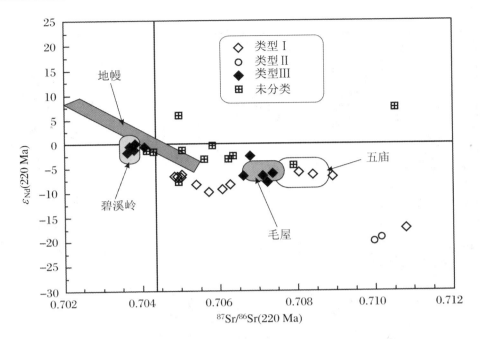

图 2-7 碧溪岭和毛屋与镁铁-超镁铁质岩石相关的榴辉岩(^{87}Sr/^{86}Sr)$_i$ - ε_{Nd}(t)图解
(据 Jahn et al. ,2003 修改)

硬玉石英岩断续成带分布在中大别的东部,最早被称为硬玉岩或石英硬玉岩(徐树桐等,1991,1994;Xu et al. ,1992;Su et al. ,1996)。东起潜山县的野寨、毛岭、苗竹园、韩长冲呈东西向分布,向西到潜山县横冲、五庙、新建、到岳西县菖蒲、女儿街和五河一带呈北西向产出,分布在长度大于 40 km、宽约 1 km,总体呈向南凸出的弧形(图 2-8)。硬玉石英岩呈透镜状产出在云母斜长片麻岩中并与大理岩和榴辉岩共生,常因糜棱岩化和伴随的退变质作用而变为含硬玉的片麻岩,原岩为杂砂岩。已知最大的硬玉石英岩块在带的西端潜山县的新建附近(出露面积为 600×150 m²)以及东端苗竹园附近(出露面积 750×250 m²)。其中,硬玉石英岩的峰期变质矿物主要有硬玉、柯石英、石榴子石、金红石和多硅白云母等,退变质矿物有霓石、霓辉石、石英、黝帘石、斜长石、角闪石和绿帘石等。硬玉及石榴子石中有柯石英包裹体(Su et al. ,1996;吴维平等,1998;Rolfo et al. ,2004),证明硬玉石英岩也是超高压变质带的重要成员,属于超高压变质的表壳岩的一部分。由于它的原岩为杂砂岩并与大理岩和榴辉岩(原岩为泥灰岩)密切共生,进一步证明陆壳岩石可以俯冲到>90 km 的深度,因而对研究超高压带的构造背景及其形成和折返机制等都具有重要意义。

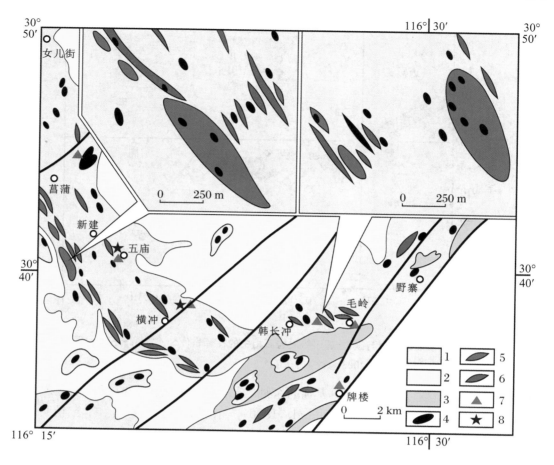

图 2-8　大别山硬玉石英岩带分布地质图(据吴维平等，1998 修改)

1：榴辉岩相变质岩；2：角闪岩相变质岩；3：变质花岗岩；4：榴辉岩及石榴橄榄岩；5：硬玉石英岩；6：大理岩；7：柯石英产地；8：微粒金刚石产地

　　岩石学和年代学研究表明，该带(中大别)不同的变质岩石类型大多数都经历了超高压榴辉岩相、高压榴辉岩相和角闪岩相等多阶段变质演化(图 2-9)并伴随多阶段部分熔融作用。其中，花岗片麻岩中至少可以识别出～230 Ma 和～220 Ma 两期部分熔融作用，并且，分别发生在榴辉岩相和角闪岩相变质 *P-T* 条件下(刘贻灿等，2019)。此外，锆石 U-Pb 定年结果表明，中大别超高压榴辉岩及相关的花岗质正片麻岩的原岩形成时代主要为新元古代(700～800 Ma)(Ames et al.，1996；Rowley et al.，1996；Zheng et al.，2003；Liu et al.，2006；Liu et al.，2007；及所引文献)。最近的元素-同位素地球化学和锆石 U-Pb 年代学研究(刘贻灿等，2019)表明，中大别超高压花岗片麻岩的原岩形成时代至少包括 780～800 Ma 和～750 Ma 两大类；二者的(^{87}Sr/^{86}Sr)$_i$ 分别为 0.769907～0.824067 和 0.704510～0.728989、ε_{Nd}(t) 分别为 −14.79～−10.79 和 −4.99～−4.43，指示它们具有不同的岩石成因、后者形成过程中明显有较多的幔源物质加入。因此，结合中大别超高压带和宿松变质带已发现的～830 Ma 形成的花岗片麻岩或变质花岗岩(Li et al.，2017，2020a)，充分证明了扬子北缘新元古代大陆裂解从～830 Ma 即已开始，其峰期时代为～750 Ma 并同时引发大量幔源物质加入到壳源岩浆活动中和伴随相关的热变质作用(Li et al.,2017,2020a),从而为 Rodinia 超大陆在扬子北缘的裂解时间和演化特点提供了新的年代学以及元素和同位素地球化学方面制约。

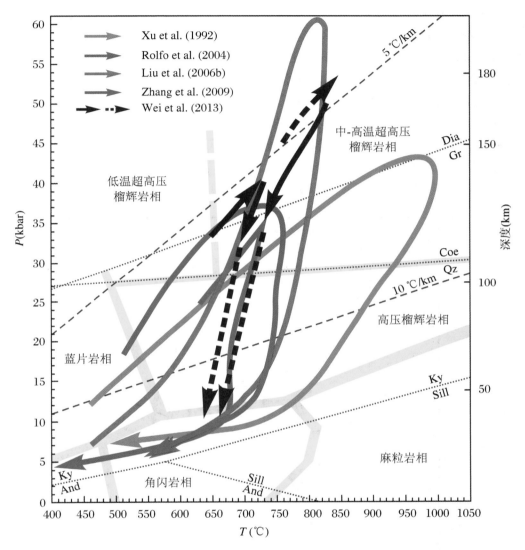

图 2-9　中大别不同类型超高压变质岩石的 *P-T* 轨迹(Xu et al.,1992;Rolfo et al.,2004;
　　　Liu F. L. et al.,2006b;Zhang et al.,2009;Wei et al.,2013)

四、南大别低温榴辉岩带

南大别低温榴辉岩带,又称南大别"冷"榴辉岩带,简称"南大别"。该带大致分布于花凉亭-弥陀断裂以南至太湖-山龙断裂以北地区(图 2-2)。最早,Okay(1993)提出大别山"冷"榴辉岩带和"热"榴辉岩带,认为二者之间大致沿花凉亭水库南岸的剪切带为界。其中,"冷榴辉岩"或"低温榴辉岩"这个名词后来被广泛引用。"低温榴辉岩"的主要表现:① 石榴子石和绿辉石颗粒粗大,大部分石榴子石都有明显的成分环带、内部含有很多矿物包体和具有筛状结构或 atoll-like 结构(Castelli et al.,1998);② 具有相对较低的峰期变质温度,其温压条件被不同的研究者可能因所采用的计算方法和分析样品等方面的差异而分别估算为 580～610 ℃/2.1～2.5 GPa(Wang et al.,1992)、635±40 ℃/1.8～2.6 GPa(Okay,1993)、670 ℃/3.3 GPa(Li et al.,2004b)和 3.0±0.06 GPa/615±6 ℃(Wei et al.,2015)等;③ 强烈的退变质作用和发育黝帘石＋石英＋金红石＋钠云母±蓝晶石等组成的高压脉;④ 有较多的含水矿物包体,$\varepsilon_{Nd}(t)$ 为正值,指示其原岩为洋壳成因。该带榴辉岩主要由石榴子石、绿辉石、金红石和斜黝帘石组成,含有少量石英(或柯石英假象)、蓝晶石、黝帘石、蓝色闪石和钠云母。它包括分布在东段的花凉亭水库以南的朱家冲、黄镇等地榴辉岩及相关岩石、西段原"红安群"高桥一带的榴辉岩及相关岩石等。主要岩石类型有榴辉岩、石榴斜长角闪岩、大理岩、花岗片麻岩、石榴二云斜长片麻岩等。其中,该带榴辉岩的变质 $P\text{-}T$ 轨迹,见图 2-10。

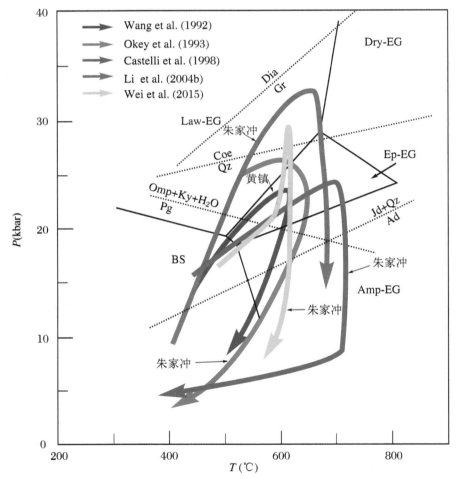

图 2-10 南大别低温榴辉岩的 $P\text{-}T$ 轨迹(据 Wang et al.,1992;Okay,1993;Castelli et al.,1998;Li et al.,2004b;Wei et al.,2015 修改)

图中缩写符号含义同图 1-3

五、宿松变质带

宿松变质带,又称宿松变质杂岩带,位于大别造山带的最南部,主体属于印支期华南(扬子)俯冲板块的后缘部分,出露于南大别低温榴辉岩带和前陆带之间,其北部与南大别低温榴辉岩带之间被太湖-山龙断裂所分割(图2-2)。该带是一个相对低级变质的构造岩石单位,但岩石类型和成因比较复杂。以前主要认为包括一套含磷岩系("宿松群")和变质的细碧石英角斑岩系("张八岭群")。其中,原"宿松群"包括大新屋组、柳坪组、虎踏石组和蒲河组。实际上,原"宿松群"除含磷岩系外,还包含蓝晶石石英岩、(含石榴)花岗片麻岩、(含石榴)变质花岗岩、(含石榴)变基性岩(变玄武岩和变质辉长岩)、蛇纹岩、异剥钙榴岩、变流纹质凝灰岩、石榴云母石英片岩、变质砂岩、石墨片岩/石墨片麻岩和大理岩等。总体表现为绿帘角闪岩相变质作用,结合~220 Ma的峰期变质时代,应代表三叠纪扬子俯冲板块的后缘部分(Li et al.,2017;李远等,2018);但是,局部可能达到高压或超高压榴辉岩相变质条件,如蒲河黄玉蓝晶石石英岩(翟明国等,1995;徐树桐等,1994,2002;刘雅琴和胡克,1999)和吴家河石榴斜长角闪片麻岩等岩石,它们有可能是印支期碰撞造山期间卷入的外来深俯冲构造岩片(有待于进一步查明)。下面重点简述原"宿松群"中发育的三大类变质岩的主要特征及其时代。

1. 花岗片麻岩

花岗片麻岩的原岩形成时代至少包括晚太古代(2.5~2.7 Ga)、古元古代(~2.0 Ga)和新元古代(770~830 Ma)三大类。其中,① 新元古代花岗片麻岩在宿松变质带广泛分布(如亭子岭、蒲河、枫香驿、南冲等地),并常与含石榴斜长角闪岩相伴生,其原岩是由经历了~2.0 Ga变质作用的2.5~2.7 Ga晚太古代岩石在新元古代大陆裂解过程中发生重熔作用形成的,并在~750 Ma时遭受了热变质叠加(Li et al.,2017;李远等,2018);② 古元古代花岗片麻岩主要分布与该带的西南部,如杨岩、罗汉尖和梓树坞等地,并常与形成时代为~2.0 Ga的变质含电气石流纹质凝灰岩及变质砂岩相伴生,其原岩主要是由3.0~3.3 Ga太古代变质基底岩石发生部分熔融作用形成的(刘贻灿等,2021,未发表资料);③ 晚太古代含石榴花岗片麻岩仅发现于宿松县趾凤河乡吴家河,呈构造透镜体或岩块产出于石榴云母石英片岩中。

2. 变基性岩和镁铁-超镁铁质岩石

变基性岩包括变质辉长岩、变玄武岩/(石榴)斜长角闪岩和异剥钙榴岩等;镁铁-超镁铁质岩石主要为蛇纹岩和少量蛇纹石化橄榄岩等。其中,超镁铁质岩主要沿宿松二郎河董家山、亭子岭、蒲河一带分布,蛇纹岩或蛇纹石化橄榄岩中常伴有异剥钙榴岩。锆石U-Pb定年结果表明:① 变质辉长岩和变玄武岩的形成时代为~780 Ma;② 蛇纹岩和异剥钙榴岩的原岩形成时代为~1.4 Ga,异剥钙榴岩化的时间为~1.0 Ga;③ 它们都经历了~220 Ma的绿帘角闪岩相变质作用(Li et al.,2017;李远等,2018)。徐树桐等(2006)根据董家山蛇纹岩中碳硅石的产出,推断它们的形成条件为:温度高于1000 ℃、压力约10 GPa。然而,至于它们的具体岩石成因和变质演化过程,尚有待于查明。

3. 变沉积岩和变质火山岩

该类岩石包括石榴云母石英片岩、变质砂岩、变流纹质凝灰岩、石墨片岩、大理岩和含磷岩系等，其原岩可以分为古元古代和新元古代两类盆地沉积形成的岩石。其中，古元古代盆地沉积的主要为变质砂岩及相伴生的变质含电气石流纹质凝灰岩（即原"宿松群"的大新屋组），锆石 U-Pb 定年结果指示其原岩形成时代为～2.0 Ga；原岩为新元古代沉积形成的岩石主要有石榴云母石英片岩、变质砂岩、石墨片岩/石墨片麻岩和大理岩以及含磷岩系等，锆石 U-Pb 定年结果指示它们的原岩沉积时代为 750～800 Ma，并经历了～220 Ma 的绿帘角闪岩相变质作用（刘贻灿等，2021，未发表资料）。

此外，原"张八岭群"断续出露于大别造山带南部宿松县破凉、河塌至太湖县江塘一带，呈狭长带状分布，全长近 30 km，走向北东（详见后文）。这套浅变质岩系主要由石英角斑岩、石英绢云母千枚岩及少量硅质岩、铁质碧玉岩、石英岩等组成，以变质的双峰式火山岩为主，原岩主要为细碧石英角斑岩建造（桑宝梁等，1987；徐树桐等，1994，2002）。总体表现为绿帘角闪岩相变质作用和强烈的褶皱变形。桑宝梁等（1987）测得一组全岩 Rb-Sr 等时线年龄为 848±73 Ma，Sr 同位素初始比为 0.7054。最近，钠长云母石英片岩（变质的石英角斑岩）的锆石 SHRIMP U-Pb 定年结果表明，其原岩形成时代为 784±5 Ma，并经历了～750 Ma 的热变质叠加（Li et al.，2017）。这与张八岭地区变质石英角斑岩的锆石 U-Pb 定年结果（Yuan et al.，2021）一致。因此，这套"张八岭群"岩石的原岩可能为新元古代形成于海底喷发的富钠的酸性火山岩，以石英角斑岩为主，其形成时代与"宿松群"变玄武岩等一致（～780 Ma；Li et al.，2017）。

六、前陆带

前陆带，又称前陆褶皱冲断带（徐树桐等，1992）。该带位于大别造山带的最南端，包括前陆褶皱-冲断带和前陆盆地（图 2-2）。东界为高河埠-安庆一线，西到湖北的鄂州一带，也许延伸到武汉附近。这个区域内未变质的扬子大陆盖层受到强烈的褶皱和断裂作用，褶皱的前三叠系成雁列状山链断续分布，中段向南突出，并与大别山内中段超高压岩石单位向南突出的前缘对应，表现为"弓-箭式"向南逆冲的运动图案（徐树桐等，2002）。卷入前陆冲断和褶皱作用的扬子大陆未变质沉积地层从震旦系到早三叠统，指示强烈的俯冲碰撞作用应发生在中三叠世及其之后。因此，根据前陆带卷入的最新地层时代，可以大致限定扬子大陆板块的俯冲碰撞时间为中-晚三叠纪，这也与大别山深俯冲地壳岩石的同位素定年结果一致。不连续的雁列状山链之间是侏罗系-第四系盆地的陆相碎屑沉积。

七、主要边界断裂

本书中的"边界断裂"是指不同构造岩石单位之间的断裂（带），而且，常常经历了多阶段演化。下面简单介绍分割/控制大别造山带不同构造岩石单位的几条关键性断裂

（带）（图 2-2），相关内容主要根据徐树桐等（2002）的专著"第二章 主要边界剪切带和断层"资料修改、补充完成的。

1．磨子潭-晓天断裂

磨子潭-晓天断裂是一条经历了多期次活动的深大断裂，总体呈 NWW 走向，并在其北侧控制发育了近 E-W 向的晚侏罗-早白垩世火山岩盆地；商麻断裂以西，对应于定远-苏家河-八里畈断裂（徐树桐等，1994，2002；刘贻灿等，2010）（图 2-2）。东起安徽省的桐城向西经过金寨青山附近，再向西穿过商城-麻城断裂经河南八里畈、苏家河、定远西至河南省南湾水库之南，长约 300 km、东段宽约 8 km，西段宽度较小。东、中、西段组成剪切带的糜棱岩的岩性和变质程度都有差异。东段和中段的糜棱岩主要为条带状片麻岩的糜棱岩（包括英云闪长质、花岗闪长质和云母斜长或二长质片麻岩形成的糜棱岩），以及东段有很大部分的二长花岗质糜棱岩。变质作用以角闪岩相为主，只在条带状片麻岩的糜棱岩中有早期麻粒岩相残留，晚期的绿片岩相叠加则比较普遍。带的中段（金寨至商城附近），由于大量花岗岩类的侵入，糜棱岩或其中的镁铁-超镁铁质岩块成为花岗岩类的捕虏体。条带状片麻岩带内有退变榴辉岩（石榴斜长角闪岩）透镜体存在表明它经历过榴辉岩相变质作用，但是除石榴子石外，尚未在糜棱岩中发现有其他榴辉岩相的残留矿物。西段大致相当于苏家河混杂岩带南界。西段的糜棱岩的原岩主要为长英质片岩、片麻岩、石墨石英云母片岩和少量斜长角闪岩，变质作用为低角闪岩相-绿片岩相（叶伯丹等，1993）。这个剪切带的运动学特征为早期向南逆冲和晚期向北伸展。Edie（1995）认为这个带的西段是一条重要滑脱带。徐树桐等（1994）认为该断层的形成和演化主要有三个阶段，即：① 形成期为逆冲断层作用，与南部前陆带叠瓦状冲断层作用同期；② 晚侏罗世火山岩盆地形成的正断层（伸展断层）作用；③ 右旋走滑平移作用。其中，右旋走滑平移作用可能发生在 90～110 Ma（Ratschbacher et al.，2000）。综合目前已有资料，该断裂的演化可能包括早期（晚三叠-晚侏罗世？）的逆冲推覆和左旋韧性剪切、（晚侏罗-）早白垩世（～130 Ma）火山岩盆地形成的正断层及晚期小规模的右旋走滑平移作用等阶段。

2．五河-水吼断裂

该断裂东起安徽天柱山附近，向西经水吼镇，转向北西至五河镇，再转向西经河图附近至湖北英山附近转向南西，经过浠水县城以北变为北西走向，到麻城以东止于商-麻断裂。大部分是北大别片麻岩的南界剪切带，总体构成两个向南突出的弧形。东部的弧顶在水吼附近，西部的更为明显，弧顶在罗田与浠水之间。全程长度约 200 km。商-麻断裂以西与之对应的剪切带可能尚未露出地表。东段水吼至新店出露较好，带内有两种不同变质相的糜棱岩。南侧为已经退化变质的榴辉岩相糜棱岩，北侧为角闪岩相花岗质糜棱岩，两者直接接触。东段和中段浠水以西，带内的二长花岗质糜棱岩有粗、细两种结构，粗粒者常为眼球状结构，椭圆形碎斑由钾、钠长石（有时有石英）聚晶构成，在最大应变面（"XZ"面）上观察长石碎斑的 X 应变轴长度为 0.2～1 cm，有时大于 2 cm，$X/Z>3$，有时可见不对称碎斑指示上盘向北西（330°）方向运动，这次运动相当于角闪岩相变形。细粒结构的糜棱岩矿物粒度通常小于 5 mm，也有明显的伸长。但是，在显微镜下偶尔可见"黑云母鱼"指示上盘向南运动,"云母鱼"周围有绿泥石化,有时则全变为绿泥石,相当于绿片岩相的伸展变形。糜棱面理的产状在水吼附近为$180°∠30°$左右,拉伸线理为伸长的长石聚晶,产状为$155°∠28°$,但在其东部不远处的糜棱面理产状则变化较大。图中可见两类糜棱岩直接接触。西部退变的榴辉岩相糜棱岩虽然由于风化而难于精确确定其岩性,但根据区域对比可大致确定为云母斜长片麻岩类,其中变形的榴辉岩证明其变形条件为榴辉岩相,因为榴辉岩只能在榴辉岩相的温、压条件下才能产生塑性变形(徐树桐等,1999)。榴辉岩相糜棱岩面理的产状则变化较大:倾向南西为主,倾角为$30°\sim55°$。二长花岗质糜棱岩面理的倾向在东-南东-南-南西方向变化,倾角为$20°\sim60°$。向西南在岳西来榜至太湖徐良之间的产状由倾向东、倾角$43°$变为倾向南东,倾角为$36°$,然后倾向南,倾角变为$8°—19°—5°—43°$(Okay et al.,1993)。

按水吼岭附近二长花岗质糜棱岩面理产状,它处于其北部的榴辉岩带之下。考虑到①榴辉岩带是变质构造混杂岩带并假定其原始产状为$360°∠25°$左右以及②二长花岗质糜棱岩是由超镁铁岩带和榴辉岩带的底面滑动生成,因而糜棱面理应大致平行于榴辉岩带,则必续将榴辉岩带产状展平到其原始状态。假定弯滑褶皱是造成面理和线理变位的主要因素(使早期线理按小圆变位),按Sander的方法(Turner and Weiss,1963),利用等面积投影网将榴辉岩带产状展平到$360°∠25°$(原始状态)后。水吼岭糜棱岩拉伸线理产状变为$24°∠22°$。因此,无论从目前的还是从复原后的产状考虑,这个糜棱岩带都不能是榴辉岩带的顶部边界(Wang et al.,1995)。

需要指出的是,这个剪切带内两种不同变质相的糜棱岩应当分别属于两个不同的单位。榴辉岩相糜棱岩是榴辉岩带底面,属于潜山-英山-新县榴辉岩带。二长花岗质者为大别杂岩的顶部,属于大别杂岩的范畴。因为作为变质构造混杂岩带的榴辉岩带,在折返过程中向南部扬子大陆逆掩时,不但会在带内产生由糜棱岩构成的剪切带(在下地壳深度),而且会因底面滑动在其直接下盘的大别杂岩内产生剪切带(侵位到中、上地壳深度时)。前者的剪切带由榴辉岩及榴辉岩相岩石组成,后者的由角闪岩相和绿片岩相糜棱岩组成。在这个剪切带的其他地方很难看到两种糜棱岩直接接触关系。

3. 花凉亭-弥陀断裂

该断裂位于中大别和南大别之间。东部花凉亭水库的溢洪道内出露较好,是一套长英质糜棱岩,局部含有较多白云母及较大的石榴子石,糜棱面理产状$180°∠40°$,云母线理$180°∠40°$,主要矿物成分为石榴子石、斜长石、石英和白云母。商-麻剪切带以西经过七里坪之南,在宣化店附近与苏家河南界剪切带相接(或被其切割)。在1/5万七里坪幅范围内称作七里坪"伸展拆离型"韧性剪切带。剪切带产状为$200°\sim180°∠26°\sim40°$,是向SSW缓倾的剪切带,在重力图上是密集的梯度带,拉伸线理产状为$180°\sim210°∠25°\sim40°$;宽度为$500\sim1500$ km,是太湖-红安-宣化店榴辉岩带(1/5万七里坪幅称为红安群)与潜山-英山-新县榴辉岩带(1/5万七里坪幅称为桐柏山群)之间的边界剪切带。所谓"伸展拆离型"是指某些运动学标志指示上盘向南的运动。如果考虑到榴辉岩带(变质构造混杂岩带)的初始产状向北缓倾,则复原后的标志指示向南逆冲。另外,由于运动学标志性质不明确,因而变形P-T条件也是不确定的。但从区域角度分析,早期应为向南的推覆,晚期为向北的伸展(徐树桐等,2002)。

4. 太湖-山龙断裂

该断裂位于南大别和宿松变质带之间,是太湖-红安榴辉岩带与大别杂岩和宿松群的边界剪切带。大别杂岩在东端出露很窄,并且都已变成糜棱岩,因而可以认为太湖-张家榜-白莲-桃花剪切带直接与宿松群接触。这与以往的缺月岭-山龙剪切带的含义(徐树桐等,1994)略有不同。剪切带东起太湖县城之南,经湖北省蕲春县张家榜镇附近向西到白莲(浠水与英山之间)。商-麻断裂以西沿宋埠-桃花-丰店(以西)一线出露,是宿松群与太湖-红安-宣化店榴辉岩带的边界剪切带。

太湖-张家榜-白莲-桃花剪切带东段的湖北境内,在宿松群未出露的地段,剪切带被花岗岩类岩体破坏,东段(安徽境内)出露较好。在大别杂岩范围内的断层岩为二长花岗质糜棱岩,在缺月岭可见到接触面。接触面两边的糜棱面理产状一致。虽然属于大别杂岩范围的二长花岗质糜棱岩在山龙一带出露较多,但地表大部分岩石受到强烈风化,属于宿松群的云母石英片岩质的糜棱岩在缺月岭一带出露较好,出露宽度>300 m。偶尔在较新鲜露头上可见由细粒石榴子石构成的旋转碎斑,但石榴子石本身并未发生塑性变形。糜棱岩带中有两期褶皱,早期为无根褶皱,有的是 A 型-褶皱;最显著的面理为第二期褶皱的轴面-折劈理。接触面两边的面理产状均为 $195°\sim200°\angle65°\sim70°$。从缺月岭向西 $4\sim12$ km 范围内带内出现大理岩和含磷大理岩的透镜体。在山龙附近,岩性变为白云母石英片岩,显微镜下可见石英拉长成肋状,有波状消光及变形纹,边缘有动态重结晶形成的亚颗粒;云母相对集中成带。矿物组合为:石英 + 多硅白云母 + 黝帘石±榍石。变质等级属绿帘角闪岩相。商-麻断裂以西沿宋埠-桃花-丰店一线出露的断层岩是宽度 $300\sim500$ m 的糜棱岩,其中有不对称褶皱,石英颗粒集合体伸长呈条带状,钠长石有时呈不对称碎斑,白云母有时呈云母鱼,偶见基性岩透镜体呈 $X:Z=9\sim10:1$ 长条状,有时呈 δ 状"碎斑"。各种运动学标志指示上盘向南东方向运动(徐树桐等,2002)。

5. 郯城-庐江断裂

郯城-庐江断裂,简称郯庐断裂,是中国东部规模最大的巨型断裂带。该断裂带南起长江北岸的湖北武穴,经安徽庐江、山东郯城、渤海、过沈阳后分为西支的依兰-伊通断裂和东支的敦化-密山断裂(也称为密山-抚顺断裂),总体呈北北东走向,在中国境内长达2400 km。桐城-太湖剪切带是郯-庐断裂带的最南段,由于它的切割,使大别山造山带东段向北位移成为现在的苏-鲁造山带。徐树桐等(1994)曾经指出,郯庐断裂带的变形历史有两个阶段。早期是转换断层性质,与大别山的碰撞造山作用有关,断层岩为角闪岩相和绿片岩相糜棱岩。主要运动方式为东盘向北西~北北西方向斜冲,并在西盘形成徐-淮半圆形造山带(徐树桐等,1993)。第二个阶段从晚侏罗世开始,为张扭性质的运动。断层岩为断层角砾岩,有上侏罗及白垩纪盆地沿断裂带分布。徐嘉伟等(1980,1984,1992)认为郯庐断裂带是印支期巨型左行平移断层,并经历了左行平移(平移断裂,晚侏罗世-早白垩世)→张裂(形成裂谷,晚白垩世-早第三纪)→挤压带(近东西向挤压,从始新世晚期以来)三个演化阶段,其巨大的左行平移运动可能是太平洋板块向欧亚板块做相对运动所致。最近有更多的人认为它的形成和演化与华北和华南板块的中生代碰撞过程有关（王小凤等，2000；朱光等，2004；Zhu et al.，2009）。

6. 商城-麻城断裂

商城-麻城断裂，简称商-麻断裂，它是大别山区重要的边界剪切带（或断层）。它将大别山分成西段和中段。文献中尚未见到专门的研究文章。1/5万福田河幅（1996）、麻城和白果树幅（1991）地质说明书中称其为团-麻强应变带，带内断层岩为角闪岩相、部分退变为绿片岩相的糜棱岩，出露长度＞40 km，宽2.5～4 km，糜棱面理倾向北西西，倾角为20°～40°，矿物拉伸线理产状为300°～315°∠15°～20°，有A型褶皱，旋转岩块、不对称碎斑和不对称褶皱，这些运动学标志指示剪切带的运动图案为右旋正剪切。估算的水平位移量为50 km，垂直位移量为18 km。西缘有晚期碎裂岩和断层角砾岩叠加，碎裂岩和角砾岩带宽为50～100 m，航磁图上为线性负异常。剪切带总体产状为270°～280°∠20°～25°，碎裂岩和断层角砾岩受到不同程度的硅化、碳酸盐化、褐铁矿化和高岭土化，北段有花岗岩（白鸭山花岗岩）岩体侵入。剪切带西侧南段为白垩系红色砂岩，西侧北段为潜山-英山-新县榴辉岩带（其中可能有一部分条带状片麻岩）和苏家河混杂岩带；东侧主要为组成"罗田穹隆"的条带状片麻岩及少量榴辉岩透镜体。

第三节　地壳俯冲与多岩片差异折返

一、深俯冲地壳岩片的折返

正如前文所述，大别山印支期深俯冲地壳岩片包括三个含榴辉岩的构造岩石单位，即南大别低温榴辉岩带、中大别超高压变质带和北大别杂岩带（分别简称"南大别""中大别"和"北大别"）。

1. 岩石学差异

北大别主要是一个花岗质正片麻岩单位，含有少量榴辉岩、（含石榴子石）斜长角闪岩和麻粒岩等，并且，至少部分榴辉岩是由新元古代基性麻粒岩转变形成的（Liu et al.，2007a）；中大别是一个正片麻岩＋表壳岩单位，含有大量榴辉岩透镜体或岩块以及副片麻岩、大理岩和硬玉石英岩等；南大别则主要为榴辉岩及（含石榴子石）二云绿帘斜长片麻岩等一套副变质岩。三个超高压岩片具有不同的含水矿物组合特点。如，北大别榴辉岩中无多硅白云母或其他高压-超高压含水矿物，反映它们变质过程中缺乏流体（Liu et al.，2005，2007a，2007b，2011b，2015）；而中大别榴辉岩中多硅白云母-黝帘石等含水矿物普遍存在，以及南大别榴辉岩中常见到低温高压变质矿物，如硬柱石-冻蓝闪石和钠云母-多硅白云母等含水矿物（徐树桐，1994，2002；Cong，1996；Castelli et al.，1998；Li et al.，2004b），表明中大别和南大别在超高压变质作用期间富含流体以及它们在变质温度及含水矿物种类方面存在一定的差异性。另外，北大别、中大别超高压岩石中流体包裹体成分也不同，如后者主要是具有不同盐度的水流体，而前者主要是 N_2 和 CO_2，证明超高压变质作用期间中大别比北大别富水流体(Xiao et al.,2001,2002)。

此外,北大别超高压变质岩以折返期间经历过独特的麻粒岩相退变质作用而区别于中大别和南大别带,显示它们具有不同的折返历史(刘贻灿等,2001,2003,2005;Rolfo et al.,2004;Liu et al.,2005,2007a,2007b,2011b;Malaspina et al.,2006;Groppo et al.,2015)。而且,三个超高压岩片的峰期变质温度由南向北逐渐升高,即由南大别低温榴辉岩($T < 700$ ℃,一般为 $580 \sim 670$ ℃)(Wang et al.,1992;Okay,1993;Castelli et al.,1998;Li et al.,2004b;Wei et al.,2015)(图 2-10)→中大别中温榴辉岩(T 一般为 $700 \sim 850$ ℃)(徐树桐等,1994;Okay,1993;Cong,1996;Rolfo et al.,2004;Wei et al.,2013)(图 2-9)→北大别高温榴辉岩($T = 808 \sim 874$ ℃、$P = 2.5$ GPa 或 $880 \sim 1080$ ℃、$P = 4.0$ GPa)(Liu et al.,2005,2007a,2015)(图 2-5),这种峰期变质温度的有规律变化,可能分别与 3 个 UHP 岩片的原岩在俯冲陆壳内所处的位置有关,即南大别和北大别分别相当于上、下地壳,也就是说,3 个岩片原岩温度就有高、低区别(Liu et al.,2005,2007a,2011a,2015)。这也与前文所述的 3 个岩片的岩石组成及其含水矿物和流体成分的特点相吻合。

因此,鉴于南大别和中大别含有较多的表壳岩、富含水矿物和流体包体以及较低的峰期变质温度,结合它们各自的岩石组合特点,推测它们分别来自俯冲上地壳的上、下部;而北大别则因峰期缺乏含水矿物、富 N_2 和 CO_2 包体、较高的峰期变质温度以及榴辉岩由镁铁质麻粒岩转变形成等而推测来自于俯冲下地壳。同时考虑它们有不同的变质 $P\text{-}T$ 演化历史,由此说明印支期华南陆壳俯冲过程中有可能在不同深度发生了壳内的解耦(Okay et al.,1993;Zheng et al.,2005;刘贻灿等,2006,2010;Tang et al.,2006;Xu et al.,2006;Liu et al.,2007b,2011a,2017)。

2. 地球化学和年代学差异

Pb 同位素可以用来示踪地壳性质,即下部地壳相对贫放射性成因 Pb 同位素组成,而上部地壳相对富集放射性成因 Pb 同位素组成(Zartman and Doe,1981;Zindler and Hart,1986)。已有的 Pb 同位素研究表明,北大别与中大别岩片的 Pb 同位素组成不同,中大别超高压变质岩比北大别变质岩有更高的放射成因 Pb,具上地壳特征,而北大别的低 $^{206}Pb/^{204}Pb$ 值反映了下地壳特征(李曙光等,2001;张宏飞等,2001;Shen et al.,2014;古晓锋等,2017),因而代表了上、下不同层位的俯冲陆壳。进一步证明大别山不同的超高压岩片分别来自于不同层次(深度)的俯冲陆壳。

北大别榴辉岩和片麻岩的锆石 SHRIMP U-Pb 年龄结果表明,超高压变质时代为 (224 ± 3) Ma $\sim (226 \pm 3)$ Ma(Liu et al.,2011a),而北大别榴辉岩的 2 石榴子石 + 2 绿辉石的 Sm-Nd 等时线年龄为 212 ± 4 Ma (Liu et al.,2005)。中大别超高压岩石的峰期变质时代已被很好测定,且老于北大别。如,由三个榴辉岩相矿物确定的 Sm-Nd 等时线年龄为 226 ± 3 Ma(Li et al.,2000);锆石 U-Pb 测定的精确年龄为 $225 \sim 238$ Ma(Ames et al.,1996;李曙光等,1997;Rowley et al.,1997;Hacker et al.,1998;Ayers et al.,2002;Wan et al.,2005;Liu et al.,2006a,2006b;Wu et al.,2006)。南大别低温榴辉岩的峰期变质时代最老,如石榴子石 + 绿辉石 + 金红石 + 蓝晶石的 Sm-Nd 矿物等时线年

龄为 236±4 Ma 和锆石 U-Pb 年龄为(242±3)Ma～(243±4)Ma(Li et al.,2004b)。此外,苏鲁超高压带中对应于中大别超高压带的超高压片麻岩锆石 SHRIMP U-Pb 年龄研究也表明,含柯石英等超高压矿物的锆石幔部年龄为 231～227 Ma 等(Liu et al.,2004a;李秋立等,2004),而含石英等角闪岩相退变质矿物的锆石边部年龄为 211±4 Ma。该超高压片麻岩锆石的幔、边部年龄正好分别与中大别超高压带及北大别带的峰期变质时代一致。这些表明,三个超高压岩片的峰期变质时代,由南向北逐渐变新,并且,中大别超高压带岩石的退变质年龄,如双河片麻岩退变质矿物 Sm-Nd 年龄为 213±5 Ma(Li et al.,2000);双河石英硬玉岩和毛屋榴辉岩中独居石的退变边年龄为 209±3 Ma 和 209±4 Ma(Ayers et al.,2002),与北大别榴辉岩的 Sm-Nd 年龄一致。

综合已发表的年代学和岩石学资料,我们可以重建大别山三个含榴辉岩岩石单位的变质 P-T-t 轨迹(图 2-11),揭示它们明显具有不同的折返历史和演化过程。

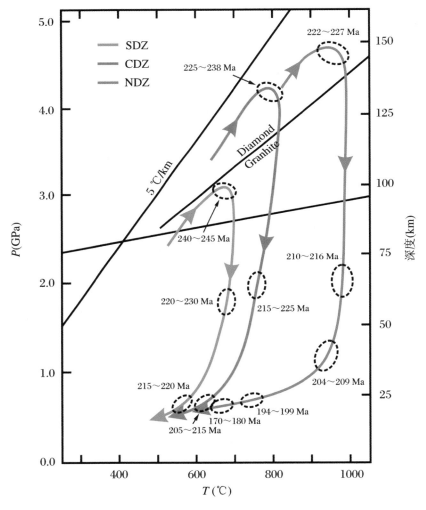

图 2-11　大别山 3 个含榴辉岩构造岩石单位的 P-T-t 轨迹(据 Liu et al.,2011a 修改)
SDZ:南大别低温榴辉岩带;CDZ:中大别中温超高压变质带;NDZ:北大别高温超高压杂岩带

因此，依据第一章"深俯冲地壳岩石折返机制建立的一些基本原则和前提条件"以及本章前文所述的大别山三个含榴辉岩岩石单位特征和演化过程的差异性，建立了大别山深俯冲陆壳内部的多层次拆离、解耦与多岩片差异折返模型（Liu et al.，2007b，2011a；刘贻灿和李曙光，2008）（图 2-12）。

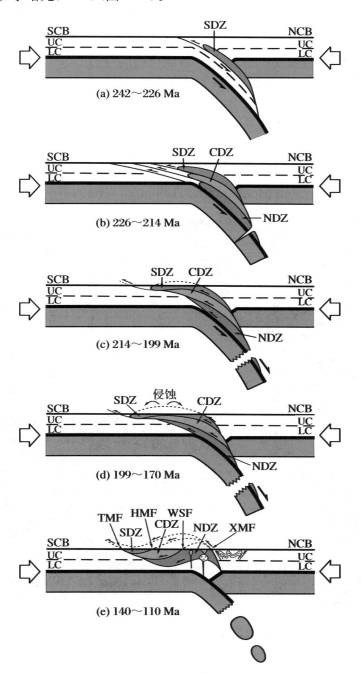

图 2-12　大别山深俯冲陆壳内部的拆离与多岩片差异折返的模型（据 Liu et al.，2011a 修改）
UC：上地壳；LC：下地壳；NCB：华北陆块；SCB：华南陆块；其他符号的含义与图 2-2 相同

值得强调的是,北大别经历了多阶段快速折返与缓慢冷却历史以及在折返初期经历了高温减压和麻粒岩相变质叠加过程(Liu et al.,2011b,2015;Groppo et al.,2015;Deng et al.,2019;Li Y. et al.,2020b;Yang et al.,2020),这些与中大别含柯石英超高压变质岩以及南大别低温超高压榴辉岩的快速折返与快速冷却过程完全不同(Liu et al.,2011a;图 2-11)。这也许是北大别榴辉岩等岩石中很少见有保留早期超高压变质证据的重要原因,因为慢的冷却速率,特别是折返初期长时间处于高温(>900 ℃)条件下以及麻粒岩相和角闪岩相退变质作用有可能使超高压岩石部分或全部转变为低压矿物组合,如早期超硅单斜辉石(绿辉石)因减压转变为低硅单斜辉石和石英以及柯石英可能已转变为石英(目前呈包体形式存在于石榴子石中和主晶石榴子石常伴有放射状裂纹)(Liu et al.,2011b;图 2-13)。这也许是造成少数研究人员怀疑北大别经历过超高压变质作用的重要原因。而大别山三个含榴辉岩的超高压岩片的差异折返过程,可能是因为俯冲陆壳内部不同地壳层次的岩石力学性质差异并造成在不同深度发生多次拆离解耦的结果(Meissner and Mooney,1998;Liu et al.,2007b;刘贻灿和李曙光,2008)。

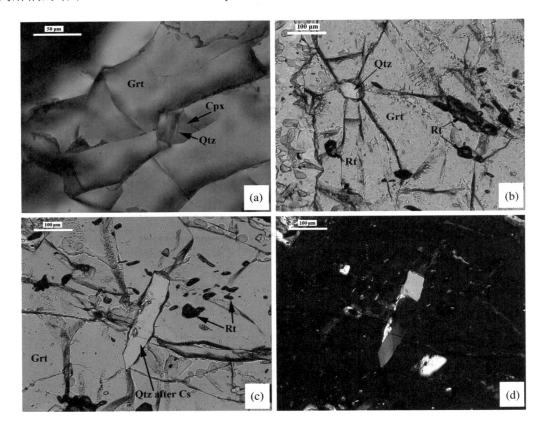

图 2-13　北大别榴辉岩的显微照片(据 Liu et al.,2011b 修改)

(a) 石榴子石中具有针状石英出溶体的单斜辉石包裹体;(b) 石榴子石中石英(伴有放射状胀裂纹)和金红石包裹体;(c)和(d)石榴子石中柯石英假象(多晶石英)和金红石包裹体;(d)是(c)的正交偏光照片。Grt:石榴子石;Cpx:单斜辉石;Rt:金红石;Cs:柯石英;Qtz:石英

二、浅俯冲地壳岩片的折返

北淮阳带和宿松变质带是大别造山带两个相对低级的变质带,总体表现为绿帘角闪岩相变质作用。

1. 宿松变质带

该带岩石组成及其形成和变质演化过程比以前想象的情况要复杂得多。最新研究(Li et al.,2017;李远等,2018)表明,宿松变质带参与了扬子板块的三叠纪俯冲(主体属于印支期俯冲板块的后缘部分),并发生了绿帘角闪岩相变质作用,局部可能达到高压,甚至超高压榴辉岩相变质作用(徐树桐等,2002)。因此,宿松变质带主体(包括不同类型花岗片麻岩、变沉积岩和变镁铁-超镁铁质岩石等)仅发生了浅俯冲并伴有少量～220 Ma的变质或重结晶锆石记录,但因碰撞造山期间的构造作用,有可能卷入少量外来的高压(或超高压)岩片(如黄玉蓝晶石石英岩等)。而且,该带除了发育原岩时代为新元古代的变质岩外,还有原岩时代为古元古代和晚太古代的变质岩(如含石榴花岗片麻岩/变质花岗岩、变流纹质凝灰岩等),因此,比原来认为的"扬子大陆俯冲盖层"(徐树桐等,1992,1994,2002)岩石组成复杂得多,不少岩石属于变质基底岩石。

2. 北淮阳带

正如前文所述,北淮阳带位于大别造山带最北缘,处于华南(扬子)和华北两大板块结合部位,发育具有南、北板块混合构造属性的岩石,是探讨两大板块之间汇聚过程和演化的最佳场所。其中,北淮阳带东段的变质岩主要包括原"庐镇关群"和"佛子岭群"。其中,"庐镇关群"或庐镇关杂岩中原岩形成时代主要为新元古代的含石榴变质花岗岩或花岗片麻岩及(石榴)斜长角闪岩(变基性岩)。作者等最新研究(未发表资料)表明,仅燕春等局部地区发现含石榴花岗片麻岩有三叠纪变质锆石记录,但其峰期变质作用条件可能仅达到角闪岩相(有待于进一步查明)。因此,该带明显未经历榴辉岩相变质作用,变质的新元古代火成岩的形成和演化过程可能类似于前人提出的华南三叠纪俯冲陆壳最早被拆离解耦的岩片,并在后期构造作用过程中被推覆到华北南缘古生代浅变质岩系之上(刘贻灿等,2006,2010;刘贻灿和李曙光,2008),而"佛子岭群"变质复理石以及古生代岩浆岩和变质岩则是与古生代大别山俯冲增生和华北-华南陆块之间汇聚过程相关的岩石组合。

第三章　大别造山带的野外实践和研究方法

本章在第二章所述的大别造山带不同构造岩石单位划分及其主要特征基础之上，分别对主要的六个特征性构造岩石单位的一些经典露头（观察点）野外地质观察内容和相关研究方法进行了介绍和概述。

第一节　引　　言

正如第二章所述，大别造山带的不同构造岩石单位常包含有不同时代、不同成因的岩石类型，而且，有些岩石单位（如宿松变质带、北淮阳带等等）因碰撞造山期间的构造作用而有可能卷入外来的岩块或岩片，也就是说，具有不同于其所在岩石单位的主体特征和变质演化过程。比如：

（1）宿松变质带

除了发育绿帘角闪岩相的变质岩石（如石榴石英云母片岩、大理岩、石墨片岩、花岗片麻岩、含磷岩系等）外，还含有少量高压-超高压变质的外来岩片（如黄玉蓝晶石石英岩、含石榴子石斜长角闪片麻岩等，峰期变质 $P\text{-}T$ 条件表现为榴辉岩相和有明显的与大陆深俯冲相关的三叠纪变质锆石生长等）。

（2）北淮阳带

该带因位于南、北板块之间汇聚处，更显得复杂，表现为岩石类型以及形成时代和成因上的多样性，构成了因南、北板块中生代碰撞造成的构造岩石组合混杂性。也就是说，该带既有印支期大陆碰撞之前的、与古生代大洋俯冲相关的岩石组合（如"佛子岭群"变质复理石、岛弧成因花岗岩等岩石），又有与中生代大陆俯冲-碰撞相关的岩石（如原"庐镇关群"或庐镇关杂岩中三叠纪变质的新元古代火成岩等）。

（3）中大别超高压变质带

中大别超高压变质带是大别山三个含榴辉岩的构造岩石单位之一，除了第二章所述它们之间的不同之处外，该带分布有相对低级的变质岩石（岩片），如港河（董树文等，1996）和龙井关（刘贻灿等，2013；Li et al.，2020a）等地。这些浅变质火成岩的原岩时代类似于超高压带中榴辉岩和花岗质片麻岩，均为新元古代，但没有发生明显的三叠纪变质锆石生长,也没有榴辉岩相高压矿物,指示未参加三叠纪深俯冲,最高变质作用仅表现为绿帘角闪岩相。

因此,北淮阳带及中大别超高压带中分布的三叠纪低级变质的新元古代火成岩,是印支期华南陆块发生俯冲的初始阶段最早被拆离解耦的岩片,在南北陆块汇聚、碰撞造山过程中被推覆到华北陆块南缘古生代浅变质岩系之上(北淮阳带)或以飞来峰的形式存在于超高压带中(刘贻灿和李曙光,2008)。

综上所述,需要区分同一岩石单位中不同岩石类型,尤其需要注意区分经历了不同变质演化过程和峰期 P-T 条件的岩石,关注它们野外表现的差异性等。

第二节 主要构造岩石单位的典型野外观察内容

正如第二章所述,大别造山带发育了与地壳俯冲和碰撞相关的、具有不同变质等级与演化过程及不同岩石组成的特征性构造岩石单位。其中,北淮阳带早古生代奥陶纪花岗岩以及石炭纪变质的石榴斜长角闪岩和相伴生的大理岩的厘定是最新的研究进展(刘贻灿等,2020,2021),揭示了大别造山带中生代大陆俯冲碰撞前的古生代大洋俯冲和南北板块之间的汇聚过程;宿松变质带晚太古代花岗片麻岩、古元古代花岗片麻岩和变质火山沉积岩以及新元古代变沉积岩的原岩形成时代的厘定等,也都是作者研究团队近年来的最新重要研究进展。下面将从北向南,依次介绍主要构造岩石单位的典型野外观察内容及相关研究方法和成果认识。不同岩石单位的主要观察点位置见图3-1。

一、北淮阳带

观察点1.1 早古生代奥陶纪变形花岗岩(铁冲)

北淮阳带东段早古生代花岗岩仅发现于金寨县铁冲以南(图3-2),主要分布于铁冲乡北楼-皂河-高水田一带,呈近东西向展布。出露面积约为 3 km^2。观察点位于铁冲乡李桥村公路旁,其经纬度为 31°43.353′N 和 115°40.275′E。花岗岩变形较为强烈,常见明显片麻理构造,局部有明显的糜棱岩化(图3-3)、黑云母和石英等矿物显示明显的定向排列。岩石类型主要为黑云母二长花岗岩,呈灰-浅灰白色,具有粒状变晶结构,弱片麻状-块状构造。主要由斜长石(25%～40%)、钾长石(10%～15%)、石英(20%～30%)组成,暗色矿物角闪石、黑云母含量为5%～10%。石英他形粒状,部分已细粒化;斜长石呈半自形板状,部分显示聚片双晶和简单双晶,少见环带构造,主要为更长石;钾长石主要呈他形粒状;黑云母具黄-红褐色多色性,主要为小颗粒、少数为较大的颗粒,小颗粒者因构造变形而呈定向分布。副矿物有锆石、磷灰石和磁铁矿等。

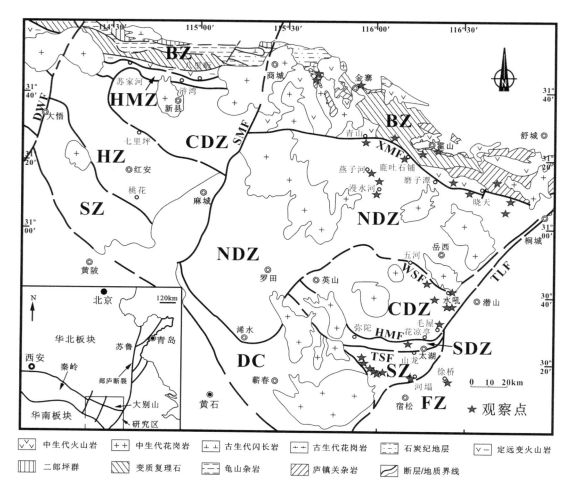

图 3-1 大别造山带不同岩石单位的主要观察点位置

BZ:北淮阳带;NDZ:北大别杂岩带;CDZ:中大别超高压变质带;SDZ:南大别低温榴辉岩带;
SZ:宿松变质带;FZ:前陆带;HMZ:浒湾混杂岩带;HZ:红安低温榴辉岩带;
DC:角闪岩相大别杂岩;XMF:晓天-磨子潭断裂;WSF:五河-水吼断裂;HMF:花凉亭-弥陀断裂;
TSF:太湖-山龙断裂;TLF:郯-庐断裂;SMF:商(城)-麻(城)断裂;DWF:大悟断裂

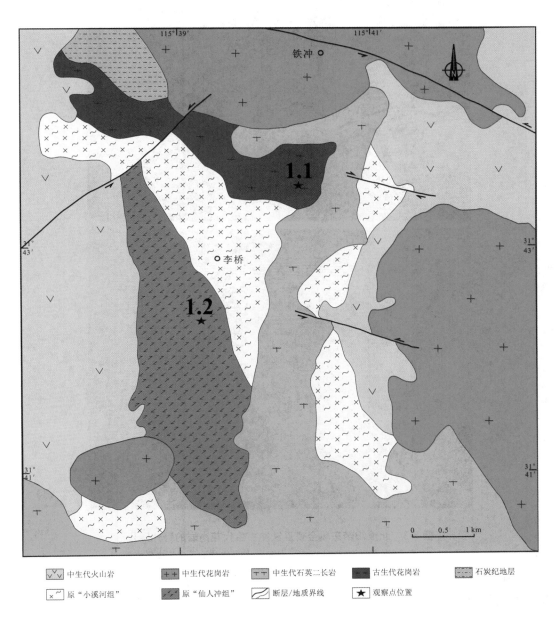

图 3-2 北淮阳带东段金寨县铁冲地质简图(据刘贻灿等, 2020 修改)
1.1:早古生代奥陶纪变形花岗岩观察点;1.2:石炭纪变质的石榴斜长角闪岩及大理岩观察点

图 3-3　北淮阳带东段金寨县铁冲古生代花岗岩的野外照片

（a）变形的（面理化）花岗岩；（b）弱变形-块状花岗岩及定年样品位置

　　1996 年，中国地质大学（北京）在进行 1∶5 万苏仙石幅区调填图时，根据岩石学特点及与相邻地区岩石的相互关系和区域地质对比等，将其从中生代花岗岩中识别和划分出来，并称为早古生代"北楼浅粒岩"（没有同位素定年，中国地质大学（北京），1996）。安徽省地质调查院（2011）在进行 1∶25 万六安幅区域地质调查时，发现"北楼浅粒岩"具有较典型的花岗质侵入体特征，岩体南侧与原"庐镇关群"（"庐镇关杂岩"）小溪河组新元古代花岗片麻岩等岩石相邻，并经历了变质变形作用；东北侧被白垩纪石英闪长岩、花岗岩侵入，侵入接触关系清楚，岩体中有花岗片麻岩的包体。而且，开展的单颗粒锆石 U-Pb 定年（采用单颗粒锆石同位素稀释法）结果为 399±1.1 Ma。然而，年龄数据分析点有限、而且分析方法陈旧和可靠性也有待于检查。为此,刘贻灿等(2021)开展了该区花岗岩的野外地质调查和锆石 SHRIMP U-Pb 定年工作,证明其形成时代为 457±2 Ma。该花岗岩的形成时代接近于北秦岭二郎坪地区的满子营岛弧成因花岗岩(459.5±0.9 Ma;郭彩莲等,2010)、桐柏地区具岛弧特征的黄冈花岗闪长岩 446±3 Ma(Liu et al.,2013)以及红安地区马畈闪长岩(463.5±3.4 Ma;马昌前等,2004)、"定远组"岛弧成因的变质火山岩(464±7 Ma;刘贻灿等,2006)等。而且,元素和 Sr-Nd 同位素地球化学分析结果(刘贻灿等未发表资料)显示,该区花岗岩类似于北秦岭古生代岛弧成因花岗岩。由此证明,北淮阳带东段,类似于北淮阳带西段,存在早古生代奥陶-志留纪与大洋俯冲相关的岩浆作用等。

观察点 1.2　石炭纪变质的石榴斜长角闪岩及大理岩(铁冲)

该观察点位于铁冲乡李桥南(灰冲大理岩采石场),其经纬度为 31°42.239′N 和 115°39.262′E,出露了原"仙人冲组"的大理岩和石榴斜长角闪岩(图 3-2)。其中,石榴斜长角闪岩以大小不等、形态各异的构造透镜体形式与大理岩相伴生,二者共同经历了复杂的变质和褶皱变形作用(图 3-4)。

图 3-4　北淮阳带金寨县李桥与大理岩相伴生的石榴斜长角闪岩透镜体及其变形

岩相学研究表明,石榴斜长角闪岩的主要矿物有石榴子石、斜长石、单斜辉石、角闪石和少量的石英、方解石和榍石等(图 3-5)。其峰期变质矿物主要为石榴子石＋斜长石＋单斜辉石＋石英等,至少达高角闪岩相,甚至可能达到麻粒岩相或石英榴辉岩相条件,表现为顺时针 P-T 轨迹(王辉等,2019)。石榴斜长角闪岩及大理岩的锆石 U-Pb 定年结果表明,峰期变质时代为 355±5 Ma,并经历了～330 Ma 和～310 Ma 的退变质作用(刘贻灿等,2020;及未发表资料)。因此,首次证明北淮阳带东段经历了石炭纪高压变质作用和多阶段变质演化,为秦岭-桐柏造山带的东延以及华南与华北板块之间的古生代汇聚过程提供了直接的岩石学和年代学方面制约。然而,石炭纪的具体峰期变质 *P-T* 条件及其地质意义尚需进一步查明。

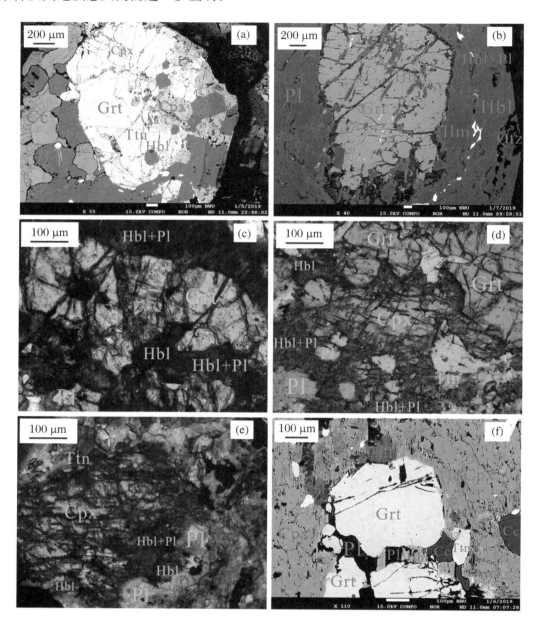

图 3-5　铁冲石榴斜长角闪岩的显微照片和背散射图像(王辉等,2019)

Grt:石榴子石;Cpx:单斜辉石;Hbl:角闪石;Pl:斜长石;Ilm:钛铁矿;

Qtz:石英;Ap:磷灰石;Ttn:榍石;Chl:绿泥石;Cc:方解石

观察点 1.3　磨拉石(金寨)

该观察点位于金寨县县城东 500 m 金江大道公路两旁,其经纬度为 31°41.454′N 和 115°53.599′E。出露的岩石是中侏罗统的三尖铺组盆地沉积,岩性主要为厚层砾岩夹薄层砂砾岩。砾石呈次圆到次棱角状,砾径大小悬殊(为几至几十厘米),砾石成分复杂、多样,属于典型的造山带磨拉石建造、为快速堆积形成的,不同层位的沉积结构反映了大别山碰撞造山后的隆升速率和沉积区离源区的距离;砾石成分主要有变质砂岩、板岩、千枚岩、石英岩、大理岩、脉石英、花岗岩等(图3-6)。其中,板岩、千枚岩和变质砂岩砾石主要来自于佛子岭群。砾石成分的(沉积和变质)岩石学、年代学和元素-同位素地球化学等方面研究,可以示踪其源区和大别山造山时间与隆升速率。

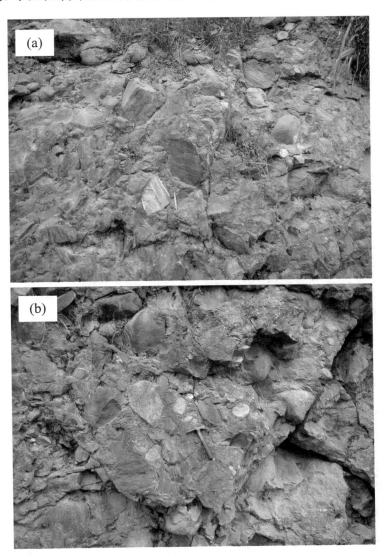

图 3-6　金寨县城东磨拉石的野外照片

(a) 板岩、千枚岩、变质砂岩、花岗片麻岩和石英岩砾石;(b) 板岩、千枚岩和花岗岩砾石

观察点 1.4　佛子岭群和仙人冲组(仙人冲剖面)

该观察点位于霍山县仙人冲公路旁,出露了原"庐镇关群"的"仙人冲组"不纯大理岩以及原"佛子岭群"的"祥云寨组"和"潘家岭组",表现为多期褶皱变形和相伴生的节理、断层,为破碎的岩石单位(broken formation)。其中,"仙人冲组"不纯大理岩观察点的

经纬度为 31°43.353′N 和 115°40.275′E，局部表现为纹层结构、含炭质，有时变质较弱（似"结晶灰岩"），发育断层和多期褶皱变形（图3-7）；"祥云寨组"表现为薄层石英岩或绢云母石英片岩，节理、断层和多期褶皱较为发育（图3-8）；"潘家岭组"表现为变质粉砂岩夹薄层板岩/千枚岩或者二者互层（相间产出）（图3-9）。总体表现为绿帘角闪岩相变质作用，而且，不同类型的岩石都表现出强烈的多期褶皱变形，尤其是岩石力学性质较强的大理岩和石英岩，都表现为强烈的变形，更加进一步揭示了印支期南、北板块之间的强烈碰撞和大别山碰撞造山期间的多阶段构造演化过程。通过碎屑锆石的 U-Pb 定年，可以用最新岩浆锆石年龄限定原岩最大沉积时代；根据云母和角闪石矿物的 Rb-Sr 和 Ar-Ar 定年，可以大致确定变形、变质时代。

图 3-7 霍山县仙人冲不纯大理岩及其褶皱变形

（a）多期褶皱变形及断层；（b）轴面近于水平的褶皱

图 3-8　霍山县仙人冲"祥云寨组"薄层石英岩及其褶皱变形

（a）石英岩的褶皱变形及近于垂直的断层；（b）石英岩的多期褶皱变形

图 3-9　霍山县仙人冲"潘家岭组"变质粉砂岩夹薄层板岩/千枚岩

观察点 1.5　变质复理石(佛子岭水库)

　　该观察点位于霍山县佛子岭镇至佛子岭水库的公路旁,其经纬度为 $31°21.561'N$ 和 $116°15.735'E$。出露了原"佛子岭群"的诸佛庵组,主要岩石有薄层中粗粒变质粉砂岩、粉砂质板岩、板岩和千枚岩以及少量含石榴云母石英片岩,其典型特征概括如下:① 局部保留有原来的沉积韵律结构,显示不完整的鲍马序列,目前表现为从中粗粒变质粉砂岩→粉砂质板岩→细粒板岩或千枚岩变化(图 3-10(a)),结合原岩恢复(刘贻灿等,1996),证明它们的原岩是形成于活动大陆边缘的复理石建造,因经历了绿帘角闪岩相变质作用,故称为"变质复理石";② 伴随多期褶皱变形,包括韧性和脆性变形,表现为不同类型膝折、石英脉的石香肠或构造透镜体、小型剪切带和多期次的断层等等;③ 局部可见层间滑动及其褶皱变形(图 3-10)。由于多期褶皱和断层作用破坏了原始岩石地层的完整性,有点类似于阿尔卑斯造山带的野复理石(wild flysch),是一个破碎的岩石单位(broken formation),因此,复理石的典型沉积韵律结构只能在局部见到。

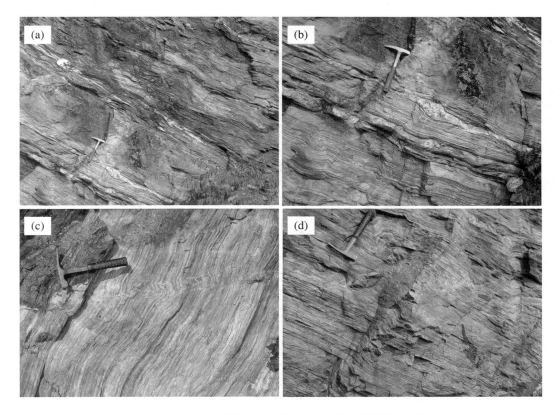

图 3-10　霍山县佛子岭变质复理石及其多期构造变形

（a）沉积韵律结构、膝折、层间褶皱及石英脉的剪切变形；（b）为（a）的局部放大；

（c）带状膝折褶皱变形；（d）箱状共轭型膝折褶皱

观察点 1.6　庐镇关杂岩（含石榴花岗片麻岩）和佛子岭群接触带（牛角冲）

该观察点位于霍山县牛角冲村的公路旁，其经纬度为 31°21.873′N 和 116°22.370′E。发育了庐镇关杂岩的含石榴子石花岗片麻岩（属于原"小溪河组"）及佛子岭群的"祥云寨组"（新的 1/5 万和 1/25 万地质图，称"八道尖组"）（中薄层石英岩和变质粉砂岩夹云母石英片岩/板岩），两者之间为断层接触（目前被植被所覆盖）。接触带两侧产状变化较大，"佛子岭群"可见强烈的构造剪切变形、产状陡立（轴面面理近于直立），伴随石英脉的韧性变形和剪切拉断以及无根钩状褶皱（图 3-11（a、b））；而（庐镇关杂岩）含石榴花岗片麻岩的产状近于水平（图 3-11（c））。此外，含石榴花岗片麻岩的主要矿物有石榴子石、斜长石、钾长石、（多硅）白云母、角闪石、黑云母、石英、磁铁矿和少量方解石等；锆石 U-Pb 定年结果表明，其形成时代为 ~750 Ma，但未测定出锆石的三叠纪变质时代（江来利等，2005；Wu et al.，2007；刘贻灿等未发表资料）；未经历明显的高级变质作用，最高变质作用仅达到绿帘角闪岩相，指示未参与印支期深俯冲。

图 3-11 霍山县牛角冲佛子岭群和庐镇关杂岩(原"小溪河组")

(a)佛子岭群中薄层石英岩和变质粉砂岩夹云母石英片岩及其变形;(b)佛子岭群中薄层石英岩和变质粉砂岩夹云母石英片岩及石英脉变形和无根钩状褶皱(轴面直立);(c)原"小溪河组"含石榴花岗片麻岩,面理(片麻理)近于水平

观察点 1.7　中生代火山-沉积岩(东西溪)

该观察点位于霍山县东西溪公路旁采石场,其经纬度为31°13.298′N和116°25.065′E。出露了晚侏罗纪毛坦厂组火山沉积盆地,表现为从下→上、由粗→细的粒序层或递变层理(出现多个沉积旋回)。总体来说,底部为紫红色含砾石的粗粒安山质凝灰岩/凝灰质砂岩,往上逐渐变为细粒凝灰质泥岩(图3-12)。

图3-12　霍山县东西溪公路旁采石场晚侏罗纪毛坦厂组火山沉积岩

观察点 1.8　磨子潭-晓天断裂(青山)

该观察点位于青山镇桥东头的加油(充气)站院内,其经纬度为31°26.766′N和115°56.495′E,为磨子潭-晓天断裂通过之处(断裂南侧)。出露的主要为花岗质岩石(原岩为新元古代),至少可以识别出两期构造变形:一是近于水平的韧性剪切,造成长英质矿物的细粒化以及压扁、拉长和定向排列;二是切割糜棱面理的脆性正断层(图3-13(a、 b))。强变形处,已成为花岗质糜棱岩(图 3-13(c))。

图 3-13 青山镇加油(充气)站院内断层岩

(a) 正断层两侧产状近于水平的糜棱岩化花岗片麻岩;(b) 钾化、糜棱岩化花岗片麻岩;(c) 花岗质糜棱岩,伴随钾长石等矿物的压扁、拉长和定向排列

观察点 1.9　磨子潭-晓天断裂(晓天)

该观察点位于晓天镇查湾西～0.4 km 公路旁,为磨子潭-晓天断裂通过之处(断裂北侧),其经纬度为 $31°11.386'N$ 和 $116°32.263'E$。主要为糜棱岩化花岗质片麻岩,局部可见钾化,至少可以识别出两期构造变形:一是近于水平的韧性剪切,造成长英质矿物的细粒化以及压扁、拉长(图3-14);二是切割糜棱面理的脆性剪切。强变形处,已成为花岗质糜棱岩。

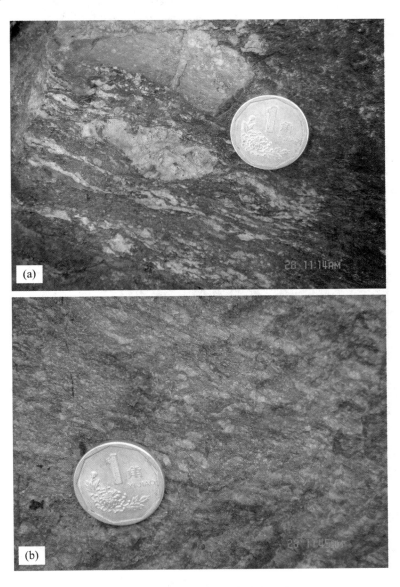

图 3-14　晓天镇查湾公路旁断层岩

(a) 花岗质糜棱岩中长石眼球及其韧性变形;(b) 花岗质糜棱岩中长石的压扁、拉长和定向排列

观察点 1.10　庐镇关杂岩中变基性岩及其变形(山七)

该观察点位于山七(高峰乡)公路旁,其经纬度为 $31°15.314'N$ 和 $116°42.602'E$。出

露了变基性岩/斜长角闪岩和糜棱岩化花岗片麻岩(属于庐镇关杂岩),表现为强烈的变形作用和发育面理,局部可见明显的长石压扁、拉长(图3-15)。观察点附近变基性岩的锆石U-Pb定年结果指示其形成时代为784±18 Ma(谢智等,2002)。采用的分析方法是单颗粒锆石同位素稀释法,年龄数据分析点有限、而且分析方法陈旧和数据误差也较大,因此,尚需进一步采用原位分析和精确定年。

图3-15 山七变基性岩及其变形

(a) 变基性岩(斜长角闪岩);(b) 面理化变基性岩的长石压扁、拉长和定向排列

观察点1.11 磨子潭-晓天断裂(庐镇关)

该观察点位于庐镇关西加油站旁,是磨子潭-晓天断裂通过之处,其经纬度为31°08.633′N 和116°45.933′E。出露的岩石为主要为新元古代糜棱岩化花岗片麻岩和

花岗闪长质片麻岩。因断裂的多次活动（如韧性剪切/平移、伸展作用/正断层和逆冲作用等），造成寄主岩石的多期次强烈变形（包括长石和石英的压扁、拉长等）以及花岗闪长质片麻岩与花岗片麻岩发育片理化和糜棱面理以及断层/节理（图 3-16）。

图 3-16　磨子潭-晓天断裂庐镇关出露处

（a）强变形的花岗闪长质片麻岩和花岗片麻岩，面理近于直立；（b）糜棱岩化花岗片麻岩中发育近于直立的断层面及擦痕

二、北大别杂岩带

观察点 2.1　混合岩及其变形(塔儿河)

该观察点位于塔儿河桥的西端和桥下河床中,其经纬度为 $31°22.57'N$ 和 $115°45.25'E$,出露了北大别典型的混合岩,而且,岩石类型丰富,常常含有不同形状和大小的斜长角闪岩构造透镜体/岩块以及燕山期形成的多种类型浅色体,同时伴随复杂的多期构造变形(图3-17)。花岗片麻岩的主要矿物为斜长石、石英、钾长石、黑云母(棕色、富钛)、单斜辉石、金红石、斜方辉石、石榴子石及罕见的金刚石等,经历了榴辉岩相以及麻粒岩相和角闪岩相变质作用(徐树桐等,1994;刘贻灿等,2000a;Liu et al.,2007b)。锆石 U-Pb 定年结果表明,该区花岗片麻岩和混合岩发育多期变质生长锆石极其复杂的核-幔-边结构,它们的原岩形成时代为新元古代($700\sim800$ Ma)、峰期超高压变质时代为(224 ± 3) Ma~(226 ± 6) Ma 和混合岩化时代为 126 ± 5 Ma(刘贻灿等,2000b;Liu et al.,2007b)。因此,类似于北大别榴辉岩的多阶段变质演化及其年代学记录,证明它们参与了三叠纪的深俯冲和多阶段折返以及山根垮塌期间的部分熔融与混合岩化作用。

图 3-17　塔儿河混合岩及其变形

(a) 条带状混合岩及分别含角闪石和富钾长石等矿物组合的多种类型浅色体;(b) 条带状混合岩及含浅色体的斜长角闪岩透镜体;(c) 混合岩及变基性岩块的多期褶皱变形;(d) 混合岩及浅色体的韧性剪切变形

观察点 2.2 混合岩(漫水河)

该观察点位于漫水河镇西公路旁,其经纬度为 $31°10.636'$N 和 $115°59.806'$E,出露了条带状混合岩并伴生了不同类型的浅色体(图3-18)。而且,不同类型的浅色体表现出不同的变形特点,这与它们形成于北大别折返初期及山根垮塌期间部分熔融作用的演化阶段和过程有关。其中,含钾长石眼球(图3-18(b))和角闪石(图3-18c)浅色体是北大别在燕山期山根垮塌期间发生部分熔融(水致熔融)和混合岩化作用形成的(刘贻灿等,2019;Yang et al.,2020)。

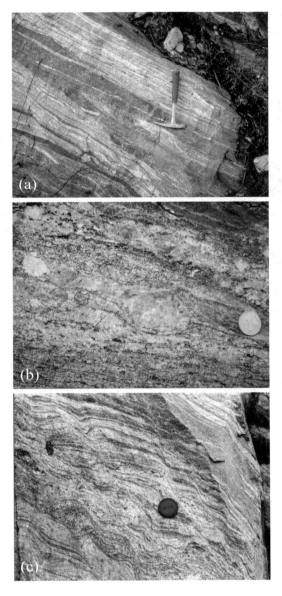

图 3-18 漫水河镇西公路旁混合岩

(a)条带状混合岩及暗色体和浅色体;(b)混合岩中含钾长石眼球的浅色体;

(c)混合岩的剪切变形及含角闪石浅色体

观察点 2.3   眼球状变质闪长岩(漫水河)

该观察点为漫水河镇东公路旁,其经纬度为 31°11.256′N 和 116°00.544′E,为眼球状变质闪长岩。主要矿物有角闪石、钾长石、斜长石、黑云母和石英等,含少量褐帘石、磷灰石和磁铁矿等副矿物。其中,有两期(棕色和绿色)角闪石,分别代表高温岩浆成因和角闪岩相变质成因;钾长石具有多种产状或存在形式,一种呈较粗大的"眼球状",形成时代相对较晚并结晶于 640~703 ℃ 和 <4.5 kbar 条件下(Yang et al.,2021)。以前被认为是形成时代较老的(新元古代)眼球状片麻岩或糜棱岩。然而,SHRIMP 锆石 U-Pb 定年结果表明,其原岩形成时代为 133±1 Ma 和变质时代为 126±3 Ma;岩石地球化学研究表明,钾长石斑晶的形成与黑云母的分解和韧性剪切变形有关(Yang et al.,2021)。因此,首次确定为碰撞后变质闪长岩,并经历了燕山期热变质作用和强烈的构造变形(图 3-19)。

图 3-19   漫水河镇眼球状变质闪长岩

观察点 2.4   碰撞后镁铁-超镁铁质岩石(道士冲)

该观察点位于道士冲公路旁,其经纬度为 31°15.425′N 和 116°00.879′E,出露了大别山中生代碰撞后镁铁-超镁铁质岩石,主要岩石类型有辉石角闪石岩、角闪石岩、面理化辉长岩等。其中,(辉石)角闪石岩中常被正长岩脉穿插(图 3-20(a));面理化辉长岩表现为明显的变形特征(图 3-20(b))。而且,这些岩石都已发生了热变质作用。锆石 U-Pb 定年及岩石学研究表明,(辉石)角闪石岩的形成时代为 129±1 Ma(Dai et al.,2011);变质辉长岩的形成时代为 134±4 Ma 和变质时代为 124±7 Ma(刘贻灿等,未发表资料)。两种岩石形成时代的差异,除了它们岩浆结晶时间上可能存在稍有不同之外,可能主要是分析点的选择和数据处理方面的原因:① 分析点的选择是否有代表性,尤其在没有区分岩浆核和变质边的情况下,有可能造成加权平均年龄值偏新,如角闪石岩的 129±1 Ma

年龄是由 Cameca IMS 1280 分析的,与作者文中提供的 LA-ICPMS 分析数据有所差别,后者较多的较老年龄数据与变质辉长岩的 134 ± 4 Ma 年龄(由 LA-ICPMS 测试)结果在误差范围内一致;② 数据处理方法的不同,变质辉长岩的数据处理是将具有岩浆结晶环带的锆石核与没有环带的变质边分开计算的,并有锆石微量元素佐证两类锆石。

图 3-20　北大别道士冲中生代碰撞后镁铁-超镁铁质岩石

(a) 含辉石角闪石岩被正长岩脉穿插;(b) 面理化变质辉长岩

观察点 2.5　混合岩及含石榴子石浅色体(鹿吐石铺)

该观察点位于鹿吐石铺镇西 200 m 桥下河床中,其经纬度为 $31°21.187'$ N 和

116°10.020′E,出露了北大别的典型混合岩及多种类型的浅色体。该点混合岩中浅色体可以大致分为两大类:含石榴子石浅色体(图 3-21(a~c))和含(富)角闪石浅色体(图 3-21(d~f))。其中,第一类浅色体发育大颗粒石榴子石晶体或集合体,并伴随着强烈的褶皱变形(图 3-21(a));第二类浅色体富含粗粒自形-半自形转熔角闪石,矿物颗粒相对较大、变形不明显或较弱,其主要矿物组合为石英、角闪石、斜长石、钾长石以及少量的黑云母等。此外,第一类浅色体中石榴子石常见被石英 + 长石构成的"白色圈"所环绕(图 3-21(b)),指示石榴子石是从熔体中结晶形成的;而且,有时还可以见到石榴子石被进一步减压分解成角闪石 + 斜长石(图 3-21(c)),因而证明石榴子石在角闪岩相变质作用之前形成的。因此,这也与"黑云母减压脱水熔融发生在 850~750 ℃、1.0 GPa 的下地壳条件下"实验结果(Holyoke and Rushmer,2002)相吻合。然而,其他浅色体则因含有转熔角闪石等(图 3-21(d~f)),应属于水致熔融成因(Sawyer,2010;Brown,2013;Weinberg and Hasalová,2015),并形成于中上地壳的角闪岩相条件下(650~750 ℃、0.5~0.7 GPa)(Sawyer,2010)。岩石学、元素-同位素地球化学及锆石 U-Pb 定年结果表明,两类浅色体分别于折返早期(209±2 Ma)在下地壳深度和高温条件下因缺乏流体而引起俯冲陆壳岩石黑云母的减压脱水熔融以及山根垮塌期间(110~145 Ma)有水加入的加热熔融(水致熔融)形成的(Yang et al.,2020)(图 2-5)。

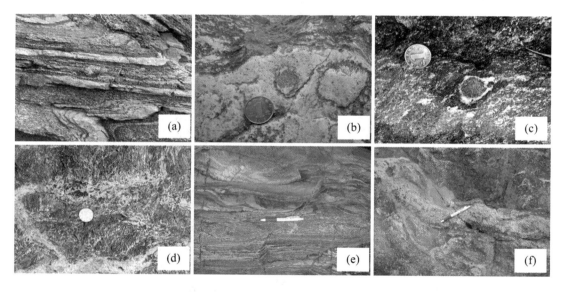

图 3-21 鹿吐石铺混合岩及不同类型浅色体

(a) 含转熔石榴子石浅色体的褶皱变形;(b) 含转熔石榴子石的浅色体,石榴子石外围被石英 + 长石所环绕;(c) 转熔石榴子石减压分解为角闪石和斜长石,其最外围又被石英 + 长石所环绕,类似于双层"冠状体";(d) 混合岩中含角闪石 + 钾长石浅色体;(e) 条带状混合岩及富钾长石浅色体;(f) 混合岩中暗色体及含角闪石浅色体

观察点 2.6 糜棱岩化花岗片麻岩及石榴斜长角闪岩(鹿吐石铺)

该观察点位于磨子潭-晓天断裂之南侧,鹿吐石铺镇水电站房后,其经纬度为31°21.100′N 和 116°10.669′E,出露了糜棱岩化花岗片麻岩或花岗质糜棱岩(图 3-22(a)),并包裹了石榴斜长角闪岩透镜体(图 3-22(b))。笔者最近的锆石 LA-ICPMS U-Pb 定年

结果表明,花岗片麻岩的原岩形成时代为 773±15 Ma,并经历了 221±13 Ma 高压变质和 128±5 Ma 热变质作用;石榴斜长角闪岩也同样经历了三叠纪变质作用。而且,早期的岩石学和 Rb-Sr 同位素年代学研究(刘贻灿等,2000b)表明,石榴斜长角闪岩的主要矿物有石榴子石、单斜辉石、角闪石、斜长石、金红石、石英、黑云母及少量紫苏辉石、钛铁矿和榍石等,经历了榴辉岩相及随后的麻粒岩相和角闪岩相退变质作用,目前主要表现为角闪岩相矿物组合;角闪石＋斜长石＋全岩的 Rb-Sr 等时线年龄为 171.2±3.6 Ma,代表角闪岩相变质时代。因此,该观察点岩石属于北大别带,表现出典型的新元古代原岩时代以及三叠纪深俯冲和燕山期热变质与混合岩化作用,但因靠近磨子潭-晓天断裂带而遭受了强烈的构造变形。

图 3-22　鹿吐石铺镇水电站糜棱岩化花岗片麻岩和石榴斜长角闪岩

（a）糜棱岩化花岗片麻岩,钾长石、斜长石和石英表现为压扁、拉长和定向排列;

（b）石榴斜长角闪岩构造透镜体产出于糜棱岩化花岗片麻岩中

观察点 2.7 榴辉岩(洪庙)

该观察点位于舒城县洪庙乡西南-百丈岩,其经纬度为 31°03.598′N 和 116°42.073′E,出露了大小不等的榴辉岩透镜体(图 3-23(a))。本区榴辉岩中石榴子石和绿辉石等矿物大多数呈中粗粒且已强烈退变(图 3-23(b))。岩石类型主要有榴辉岩、含绿辉石的石榴子石岩、石榴斜长角闪岩等,其围岩为混合岩化的花岗片麻岩。岩石学(刘贻灿等,2001)及年代学和元素-同位素地球化学(Liu et al.,2005;古晓锋等,2013,2017)研究表明:① 榴辉岩经历了麻粒岩相和角闪岩相退变质作用(图 2-4(a~c));② 榴辉岩的原岩为大陆辉长岩($\varepsilon_{Nd}(t)$ 为 -10.0 左右和 δ_{Eu} 为正异常),属于新元古代下地壳成因;③ 峰期超高压变质时代为三叠纪。

图 3-23 北大别百丈岩榴辉岩
(a) 榴辉岩透镜体产出于混合岩化花岗片麻岩中;(b) 中粗粒榴辉岩及角闪石脉

三、中大别超高压变质带

观察点 3.1 五河-水吼剪切带(水吼)

该观察点位于水吼镇北通往岳西的 500 m 公路旁,其经纬度为 30°50.815′N 和 116°40.152′E,为五河-水吼剪切带通过之处,其南、北分别为中大别和北大别。出露的岩石主要为花岗质糜棱岩、糜棱岩化花岗片麻岩(图 3-24),长英质矿物明显发生压扁、拉长和定向排列。锆石 SHRIMP U-Pb 定年结果(刘贻灿等未发表资料,2013)表明,该糜棱岩化花岗片麻岩的形成时代为 826±6 Ma,但未测出三叠纪变质时代(锆石没有明显的变质增生边)。此处,可观察到燕山期辉绿脉穿插在糜棱岩化花岗片麻岩中。

图 3-24 水吼北糜棱岩化花岗片麻岩/花岗质糜棱岩的野外照片

观察点 3.2 不同成因榴辉岩、石榴橄榄岩及花岗片麻岩(碧溪岭)

该观察点位于著名的含柯石英超高压变质岩产地-碧溪岭,出露了大别山超高压变质岩中最大的榴辉岩杂岩体,呈北东方向延伸,长约 1.5 km、宽约 0.8 km。岩性以榴辉岩为主,石榴橄榄岩呈条带状或透镜状分布于榴辉岩中。其中,榴辉岩包括两种类型:一是产出于花岗片麻岩中(图 3-25(a)),又称"暗色榴辉岩",并且发育含石英 + 金红石 + 多硅白云母 + 黝帘石等矿物的高压脉(图 3-25(b)),其经纬度为 30°43.540′N 和 116°16.993′E;二是与石榴橄榄岩相共生,呈粗粒、浅色,常称"浅色榴辉岩"(图 3-25(c)),石榴橄榄岩大多数呈薄的条带状和强烈面理化(图 3-25(d)),其经纬度为 30°43.788′N 和116°16.997′E。岩石地球化学和同位素年代学研究表明,两类榴辉岩分别为壳源和幔源成因,但是它们都含有柯石英等超高压变质证据和峰期超高压变质时代都为~230 Ma。局部可见榴辉岩经历了强烈变形,显示榴辉岩相矿物的拉伸线理(图 3-25(e))。此外,"暗色榴辉岩"的围岩-花岗片麻岩也常见发育不规则的石英 + 多硅白云母的脉(图 3-25(f)),指示其经历了高压部分熔融作用。作者等最近的锆石矿物包体和 U-Pb 年代学研究表明,花岗片麻岩的锆石中含有柯石英等超高压变质矿物组合,其原岩时代为新元古代(~750 Ma)和峰期超高压变质时代为 227±5 Ma,并伴有前进变质、退变质和深熔作用等多阶段演化的矿物学和年代学记录。

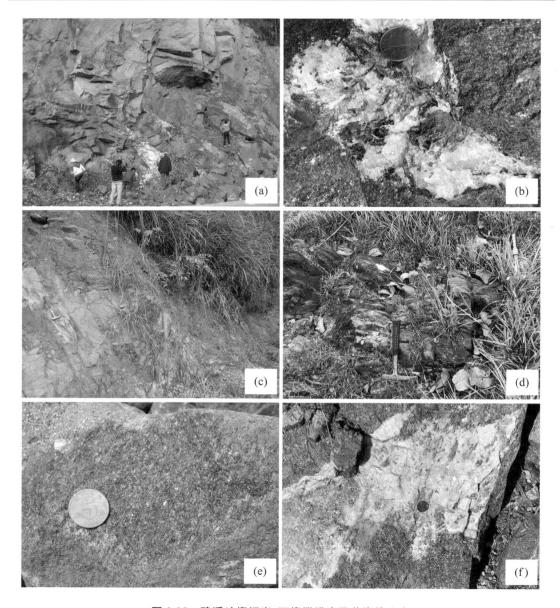

图 3-25　碧溪岭榴辉岩、石榴橄榄岩及花岗片麻岩

（a）花岗片麻岩中榴辉岩透镜体；（b）榴辉岩中高压石英脉；（c）面理化浅色粗粒榴辉岩；
（d）面理化石榴橄榄岩；（e）变形榴辉岩；（f）花岗片麻岩中含多硅白云母石英脉

观察点 3.3　钙硅酸盐-大理岩-榴辉岩（新店）

该观察点位于潜山新店公路旁，其经纬度为 30°28.821′N 和 116°21.363′E，是大别山最早发现柯石英（Okay et al.，1989）和金刚石（徐树桐等，1991；Xu et al.，1992）的产地之一。出露了钙硅酸盐、大理岩、榴辉岩和二云斜长片麻岩等多种超高压变质岩石（图 3-26）。其中，榴辉岩呈透镜状或不规则状、直径为几厘米，产出于大理岩或钙硅酸盐中。柯石英和金刚石包体主要产于富含石榴子石的榴辉岩中。榴辉岩中已识别出四个阶段的矿物组合：① 多硅白云母＋冻蓝闪石等矿物作为包体形式赋存于石榴子石中，代表前进变质作用的产物;② 峰期超高压变质矿物组合,包括石榴子石＋绿辉石＋柯石英＋金刚石＋金红石±文石＋黝帘石等;③ 石榴子石＋透辉石＋石英＋角闪石＋斜长石＋榍石＋钛铁矿等代表的高角闪岩相退变质矿物组合;④ 角闪石＋斜长石＋石英＋绿帘石等代表的低角闪岩相-高绿片岩相退变质矿物组合。其变质演化过程构成了顺时针 *P-T* 轨迹(Xu et al.,1992)。

不纯大理岩主要有三个世代的矿物组合:① 石榴子石±绿辉石±柯石英＋文石＋多硅白云母±金红石等;② 透辉石＋斜长石＋角闪石＋方解石±石英＋钛铁矿等;③ 绿帘石＋斜长石＋方解石等(Xu et al.,1996)。钙硅酸盐的主要矿物有柯石英、金红石、多硅白云母、方解石、白云石、斜长石、石英、榍石和绿帘石等,其中,峰期变质矿物为白云石＋文石＋柯石英(以包体形式存在于白云石中)＋多硅白云母＋绿帘石/褐帘石＋单斜辉石＋金红石等(Schertl and Okay,1994)。

图 3-26 潜山新店钙硅酸盐和大理岩及伴生的榴辉岩透镜体

(a、b)钙硅酸盐,伴有石英脉和红色方解石脉及变形;(c)大理岩中含金刚石和柯石英榴辉岩透镜体;

(d)钙硅酸盐中退变榴辉岩透镜体

观察点 3.4 超高压幔源岩石(毛屋)

该观察点位于太湖县东北-毛屋,其经纬度为 30°30.063′N 和 116°18.283′E,出露了中大别典型的变镁铁-超镁铁质岩石和榴辉岩。该变质杂岩体呈较大的构造块体,长约为 250 m、厚为 50 m,主要由榴辉岩、石榴单斜辉石岩、绿辉石岩、(石榴)斜方辉石岩、石榴橄榄岩、二辉橄榄岩、方辉橄榄岩、蛇纹岩和滑石片岩等多种岩石所组成(图3-27)。它们大多数呈条带或薄层状或透镜状,而且,石榴子石和绿辉石分别局部富集呈薄的红色的和绿色的条带(图3-28),其围岩为含石榴子石二云斜长片麻岩。

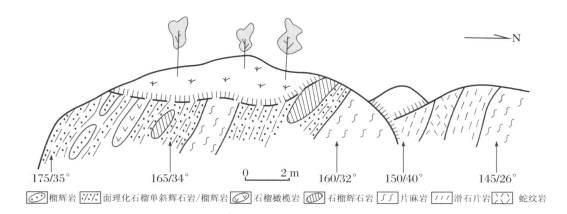

| ⬭ 榴辉岩 | ⫽ 面理化石榴单斜辉石岩/榴辉岩 | ◯ 石榴橄榄岩 | ⬭ 石榴辉石岩 | ∫∫ 片麻岩 | ⫽⫽ 滑石片岩 | ⋁⋁ 蛇纹岩 |

图 3-27　毛屋超高压变质杂岩剖面素描(Xu et al.,1996)

图 3-28　毛屋面理化石榴单斜辉石岩/榴辉岩夹薄层绿辉石岩

　　榴辉岩的主要矿物组合为石榴子石＋绿辉石＋蓝晶石＋金红石＋黝帘石＋多硅白云母＋石英±顽火辉石等。石榴子石和绿辉石中有柯石英假象(Okay,1994;Wang et al.,1990),偶尔可见柯石英(Liou and Zhang,1998)。岩石学研究表明,榴辉岩和石榴辉石岩至少经历了三个变质阶段:① 低压麻粒岩相((730±30)℃/(4±2)kbar);② 峰期超高压变质((740±50)℃/(40±10)kbar);③ 角闪岩相退变质(650℃/<15 kbar)(Okay,1994;Liou and Zhang,1998)。其中,麻粒岩相变质作用是根据石榴子石中含有

顽火辉石、蓝宝石和刚玉等矿物包体组合限定的,可能代表三叠纪地壳俯冲前的变质事件。岩石地球化学和同位素年代学研究表明(Rowley et al.,1997;Ayer et al.,2002;Jahn et al.,2003):① 榴辉岩的原岩时代为古生代(400~500 Ma),榴辉岩和石榴单斜辉石岩的峰期超高压变质时代为230±4 Ma、退变质时代为209±4 Ma;② 毛屋镁铁-超镁铁质岩石的原岩是一个堆晶杂岩体,其在岩浆侵位和三叠纪俯冲-折返期间体系是开放的,而且分别遭受了上地壳岩石的混染和之后的交代作用,从而表现出高的$(^{87}Sr/^{86}Sr)_i$比值(0.707~0.708)和负的$\varepsilon_{Nd}(t)$值(-3~-10)以及 K 和 Rb 等的亏损。然而,沈骥等(Shen et al.,2018)根据锆石 U-Pb 年代学研究,认为榴辉岩/石榴单斜辉石岩的原岩形成时代和超高压变质时代分别为 737±27 Ma 和 228±34 Ma,并在 457±55 Ma 经历了超临界流体的交代作用。

观察点 3.5 榴辉岩-大理岩-硬玉石英岩-片麻岩(韩长冲)

该观察点位于潜山市牌楼乡韩长冲水库周边,其经纬度为 30°38.044′N 和 116°24.706′E。主要发育大理岩-硬玉石英岩-钙硅酸盐-黑云绿帘斜长片麻岩等一套形影不离、密切共生的副变质岩,同时伴生有不同形状的榴辉岩透镜体或条带,不同类型变质岩都普遍发现有柯石英等指示超高压变质作用的矿物学证据(徐树桐等,1991,1994;Xu et al.,1992;Su et al.,1996;吴维平等,1998;Liu et al.,2006,2007),也是较早发现柯石英的产地之一。该观察点可以见到五类典型岩石:① 不纯大理岩含不同形状的榴辉岩透镜体或条带(图 3-29(a));② 硬玉石英岩(图 3-29(b))或硬玉质片麻岩,主要矿物有柯石英、硬玉、石榴子石、金红石、石英、霓石或霓辉石以及黝帘石、斜长石(钠长石)、角闪石、绿帘石和磁铁矿等,该类岩石局部含有榴辉岩透镜体,其原岩为杂砂岩(徐树桐等,1994;Su et al.,1996;吴维平等,1998);③ 钙硅酸盐,含退变榴辉岩条带或透镜体(图 3-29(c));④ 变形的面理化榴辉岩(图 3-29(d)),其变形发生在榴辉岩相条件下(徐树桐等,1999);⑤ 黑云斜长片麻岩。榴辉岩及片麻岩的榴辉岩相矿物 Sm-Nd 等时线年龄一致,为 226±3 Ma,指示超高压榴辉岩相变质时代(Li et al.,2000);大理岩、榴辉岩和硬玉石英岩的锆石U-Pb 定年及其矿物包体等研究结果表明,峰期超高压变质时代为 230~238 Ma 以及硬玉石英岩具有~2.0 Ga 的源区岩石时代(Ayer et al.,2002;Liu et al.,2006b,2007;Gao et al.,2015)。

图 3-29　韩长冲不同类型岩石的野外产状

（a）不纯大理岩含榴辉岩透镜体或条带；（b）面理化硬玉石英岩或硬玉质片麻岩；（c）钙硅酸盐含退变质榴辉岩条带或透镜体；（d）变形的面理化榴辉岩（与钙硅酸盐或钙质片麻岩相伴生）

观察点 3.6　片麻岩中面理化榴辉岩（燕窝）

该观察点位于潜山市牌楼乡燕窝乡村公路旁，其经纬度为 30°37.083′N 和 116°24.624′E，主要发育产于石榴黑云斜长片麻岩中面理化榴辉岩（图 3-30）。该处榴辉岩经历了强烈的构造变形和部分熔融作用，局部发育石英＋黝帘石＋多硅白云母＋金红石等矿物组成的高压脉。

观察点 3.7　片麻岩中变形榴辉岩及变质花岗岩（燕窝）

该观察点在观察点 3.6 西南约 300 m 的公路下方（图 3-31（a～c））和西侧（图 3-31（d）），其经纬度为 30°36.936′N 和 116°24.734′E。图 3-31（a）显示一个较大的榴辉岩透镜体产出于片麻岩中，并且，透镜体边部发生强烈的退变质作用（目前表现为斜长角闪岩）和发育面理化；图 3-31（b）指示变形榴辉岩中石英＋黝帘石＋多硅白云母＋金红石等组成的高压脉；图 3-31（c）显示变形榴辉岩中石榴子石和绿辉石等榴辉岩相矿物的拉伸线理，其变形作用发生于折返早期的榴辉岩相 P-T 条件下，变形温度约为 800 ℃（徐树桐等，1999）；图 3-31（d）为含石榴子石和磁铁矿的变质花岗岩，呈块状结构，局部发育片麻理，但到目前为止，未发现柯石英等超高压变质的矿物学证据，因此，常被认为是未经历深俯冲的岩石（徐树桐等，1998）。

图 3-30　潜山市牌楼乡燕窝产于片麻岩中面理化榴辉岩

图 3-31　牌楼乡燕窝榴辉岩及变质花岗岩

（a）榴辉岩透镜体及其面理化的退变质边；（b）榴辉岩中高压脉；（c）变形的榴辉岩，发育石榴子石和绿辉石等榴辉岩相矿物拉伸线理；（d）含石榴子石变质花岗岩

四、南大别低温榴辉岩带

观察点　榴辉岩-大理岩-片麻岩(朱家冲)

该观察点位于朱家冲公路旁,其经纬度为 30°27.347′N 和 116°11.958′E,出露了南大别典型的低温(<670 ℃)榴辉岩(图 2-10),而且,有时可见与大理岩相伴生。该榴辉岩主要由石榴子石＋绿辉石＋蓝晶石＋金红石＋多硅白云母＋石英/柯石英＋黝帘石等矿物组成。主要特征表现为:① 呈粗粒结构;② 发育多种类型的浅色高压脉,由多硅白云母＋钠云母＋金红石＋石英＋黝帘石、多硅白云母＋石榴子石＋石英和金红石＋石英等不同矿物组合构成(图 3-32(a、b));③ 榴辉岩边部已发生变形,含石英脉和面理化以及矿物的定向排列等(图 3-32(c、d))。榴辉岩中不同类型高压脉可能形成于不同阶段,如前进变质阶段的俯冲脱水(Castelli et al.,1998),涉及硬柱石的递进脱水而形成蓝晶石＋黝帘石/斜黝帘石＋石英＋流体,释放的流体有助于粗粒脉矿物的形成;退变质阶段的减压脱水形成平行于面理的石英脉等。榴辉岩的直接围岩为石榴二云绿帘斜长片麻岩,其主要矿物为石英、斜长石、白云母、黑云母、石榴子石、绿帘石和稀少的黑硬绿泥石、蓝晶石、金红石、榍石和碳酸盐等。榴辉岩的峰期变质 P-T 条件被不同研究者分

图 3-32　朱家冲榴辉岩

(a)粗粒榴辉岩中多硅白云母＋钠云母＋金红石＋石英＋黝帘石高压脉;(b)粗粒榴辉岩中多硅白云母＋石榴子石＋石英高压脉;(c)变形榴辉岩中石英脉;(d)面理化榴辉岩

别计算为(635±40)℃/1.8～2.6 GPa(Okay,1993)、(700±18)℃/～2.4 GPa(Castelli et al.,1998)和 670 ℃/3.3 GPa(Li et al.,2004b);榴辉岩的同位素定年以及元素和 Sr-Nd 同位素地球化学研究表明,其原岩为 1.8～1.9 Ga 古大洋玄武岩和峰期变质时代为 236.1±4.2 Ma(Li et al.,2004b)。

五、宿松变质带

宿松变质带包括原"宿松群"的大新屋组、柳坪组、虎踏石组、蒲河组及原"张八岭群"等变质岩石。宿松变质带及前陆带的主要观察点位置见图 3-33。

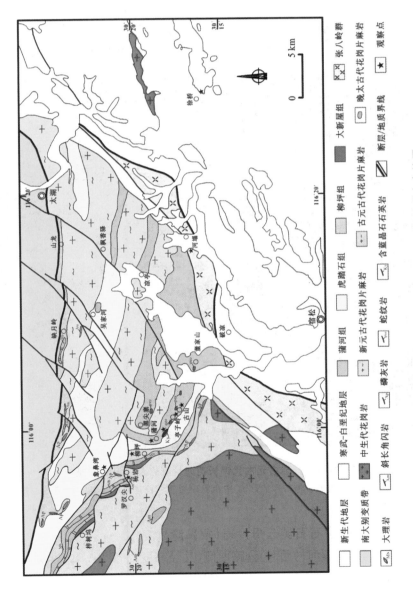

图3-33 宿松变质带和前陆带地质简图及相关观察点位置

观察点 5.1　古元古代花岗片麻岩及变流纹质凝灰岩(杨岩)

该观察点位于柳坪乡杨岩公路南侧,其经纬度为 30°20.500′N 和 115°56.783′E,出露了古元古代钾长花岗片麻岩和变质的含电气石流纹质凝灰岩。局部可见钾长花岗片麻岩被含石榴斜长角闪岩所穿插(图 3-34(a)),而且,钾长花岗片麻岩常呈中粗粒,表现为碎裂化(图 3-34(b))或糜棱岩化(图 3-34(c)),指示经历了一定的脆性变形和韧性变形。与花岗片麻岩相邻的岩石是变质的含电气石流纹质凝灰岩(图 3-34(d)),呈中细粒,野外明显可见黑色的电气石矿物,但变形相对较弱。作者等(2020,未发表资料)的锆石 SHRIMP U-Pb 定年和锆石 Hf 同位素研究结果表明,花岗片麻岩的原岩形成时代为 1986±9 Ma 和变流纹质凝灰岩的形成时代为 1984±11 Ma,二者时代一致(～2.0 Ga),但是未测出锆石变质增生边的时代;并且,前者有少量晚太古代的继承锆石和晚三叠纪的下交点年龄,证明其原岩可能由 3.0～3.3 Ga 太古代岩石发生部分熔融形成的,并因印支期大陆俯冲和碰撞而经受了一定程度的变质改造(有待于进一步查明)。

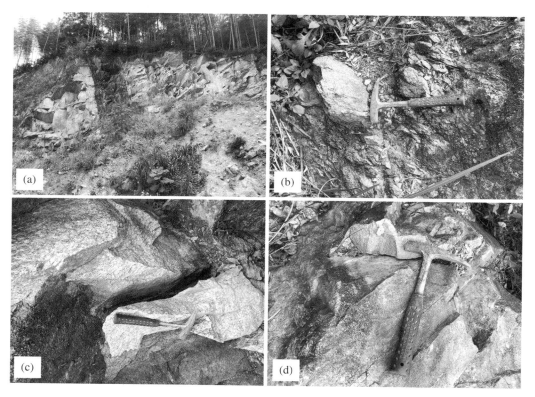

图 3-34　柳坪乡杨岩古元古代钾长花岗片麻岩及变流纹质凝灰岩

(a) 钾长花岗片麻岩被含石榴斜长角闪岩条带穿插;(b) 中粗粒碎裂化钾长花岗片麻岩;(c) 变形的钾长花岗片麻岩;(d) 变质的含电气石流纹质凝灰岩

观察点 5.2　含石榴子石石英云母片岩(象鼻湾)

该观察点位于象鼻湾(廖河村西北)公路西侧,其经纬度为 30°21.682′N 和 115°56.337′E,出露了含石榴子石石英云母片岩。该岩石表现出强烈褶皱变形,石榴子石较粗大(图 3-35),主要矿物有石榴子石、白云母、石英、黑云母、角闪石、金红石和不透明矿物等。最近的锆石 SHRIMP U-Pb 定年结果表明,含石榴子石石英云母片岩含有四类岩浆锆石即:2479±29 Ma、1995±17 Ma、1372±55 Ma 和 850～880 Ma,并且,～2.0 Ga 及相关的重结晶岩浆锆石给出～220 Ma 的下交点年龄。因此,根据年轻的岩浆锆石 U-Pb 年龄,推断该岩石的原岩沉积时代应为新元古代(～800 Ma),并经历了～220 Ma 的角闪岩相变质作用;而且,该岩石的原岩沉积源区至少涉及四类岩石,这也与已报道的宿松变质带岩石组成(Li et al.,2017;李远等,2018;及前文所述)相一致。

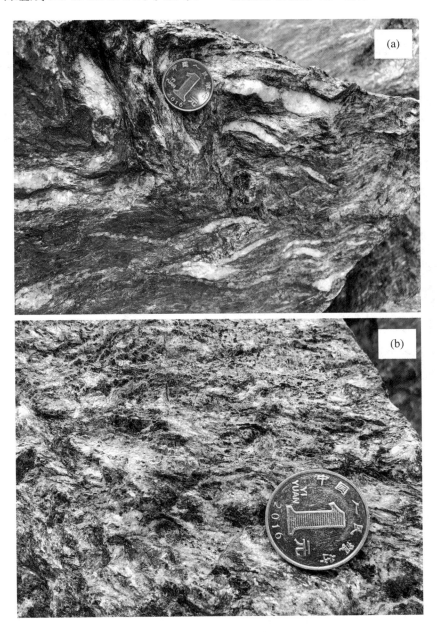

图 3-35　廖河村象鼻湾含石榴子石石英云母片岩及其变形

(a) 含石榴子石石英云母片岩中的变形石英脉;(b) 含中粗粒石榴子石的石英云母片岩

观察点 5.3 含磷岩系-大理岩-花岗片麻岩(柳坪)

该观察点位于柳坪乡周边,其经纬度为 30°19.435′N 和 115°57.170′E,出露了磷矿、含磷岩系、白云质大理岩、含石榴子石花岗片麻岩等岩石类型(图 3-36)。此地也是宿松群最早被发现和开采的磷矿产地。笔者的最新锆石 SHRIMP U-Pb 定年结果(未发表资料)表明,白云质大理岩含有的锆石年龄主要为 750～830 Ma 和少量的 2.0～2.6 Ga 的古老碎屑锆石,据此推测其原岩沉积时代为新元古代(～750 Ma)。

图 3-36 柳坪乡宿松磷矿及相关岩石
(a)废弃的宿松磷矿采坑;(b)磷矿周围的花岗片麻岩;(c)磷矿周围的含石英的白云质大理岩;(d)面理化白云质大理岩

观察点 5.4 变玄武岩-花岗片麻岩-石榴石英云母片岩(蒲河)

该观察点位于宿松县柳坪乡蒲河公路旁及河床中,其经纬度为 30°18.642′N 和 115°58.562′E,出露了变玄武岩/含石榴斜长角闪岩、含石榴石英云母片岩、石墨片岩、大理岩及含石榴花岗片麻岩等多种岩石类型(图 3-37)。大多数岩石都表现为强烈褶皱变形和发育变形的石英脉或条带(图 3-37(c～f));而且,变玄武岩呈细粒,常与富锰的石墨片岩、大理岩和石榴石英云母片岩等岩石密切伴生。其中,变玄武岩的主要矿物有石榴子石、角闪石、金红石、斜长石等;含石榴花岗片麻岩的主要矿物有石榴子石、斜长石、钾长石、(多硅)白云母、石英和角闪石等;石榴石英云母片岩的主要矿物有石榴子石、白云母、黑云母、金红石、石英、角闪石、磁铁矿等。它们的峰期变质作用表现为角闪岩相。锆石 SHRIMP/LA-ICPMS U-Pb 同位素定年结果表明,变玄武岩的形成时代为 778±9 Ma、含石榴子石花岗片麻岩的形成时代为 834±9 Ma 和热变质时代为 751±10 Ma 以及含石榴石英云母片岩的原岩沉积时代为～780 Ma(Li et al.,2017;及未发表数据)。因此,根据岩石组合,结合变基性岩的元素和 Sr-Nd-Pb 同位素成分分析,推测变玄武岩常与富锰的石墨片岩、大理岩和石榴石英云母片岩的原岩应形成于～780 Ma 新元古代的残留洋盆或裂谷盆地沉积环境。

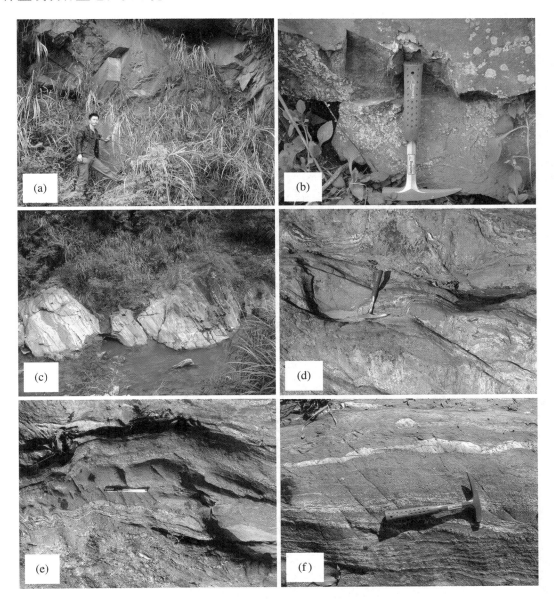

图 3-37　宿松县蒲河变玄武岩、石榴石英云母片岩和含石榴花岗片麻岩

(a) 细粒含石榴子石变玄武岩;(b) 含石榴子石变玄武岩,含有碳酸盐充填的气孔杏仁结构(白色);

(c) 石榴石英云母片岩包裹变基性岩条带或透镜体;(d) 变玄武岩条带或透镜体和石墨片岩及其变形;

(e) 变玄武岩条带和富锰的石墨片岩及其变形;(f) 含石榴花岗片麻岩

观察点 5.5　黄玉蓝晶石石英岩(蒲河)

该观察点位于柳坪乡蒲河公路旁,其经纬度为 30°18.591′N 和 115°59.230′E,出露了宿松变质带一种特殊类型的变质岩-黄玉蓝晶石石英岩(图3-38)。该类岩石主要由蓝晶石＋石英＋金红石＋白云母±黄玉±叶蜡石＋黄铁矿等矿物组成,至于其峰期变质作用条件是否达到榴辉岩相或超高压变质作用尚存在争议(徐树桐等,1994,2002;翟明国等,1995;魏春景等,1997;刘雅琴和胡克,1999),还有待于进一步查明。然而,最近的锆石SHRIMP U-Pb同位素定年研究结果(刘贻灿等未发表资料)表明,蓝晶石石英岩含有大量三叠纪变质锆石,其时代为230～240 Ma。也就是说,该类岩石明显经历了三叠纪变质作用。

图3-38 柳坪乡蒲河黄玉蓝晶石石英岩

(b)为(a)的局部放大露头,含采样点位置

观察点 5.6 含石榴花岗片麻岩-变基性岩(亭子岭)

该观察点位于二郎河镇亭子岭东南500 m公路东北侧,其经纬度为30°17.824′N 和

116°00.234′E，出露了新元古代花岗片麻岩和变基性岩，二者呈"互层状"产出（图3-39(a)）。花岗片麻岩的主要矿物有石榴子石、斜长石、多硅白云母、石英、角闪石、黑云母、方解石和磁铁矿等；变基性岩的主要矿物有斜长石、角闪石、黑云母和少量石榴子石等。它们的峰期变质作用总体表现为角闪岩相变质作用。变基性岩有时呈条带状或岩块或透镜体形式产出于花岗片麻岩中（图3-39(b、c)），局部可见富绿帘石和石榴子石的变基性岩透镜体（图3-39(d)）；花岗片麻岩发育变形的石英脉，指示强烈的褶皱变形（图3-39(a、b)）。含石榴子石花岗片麻岩的锆石SHRIMP U-Pb定年结果表明，其原岩形成时代为768±5 Ma，并经历了749±5 Ma的热变质作用；但未测出三叠纪变质锆石年龄，可能与其未经历深俯冲有关（李远等，2018）。

图3-39　二郎河镇亭子岭东含石榴花岗片麻岩和变基性岩

(a) 含石榴花岗片麻岩与变基性岩（斜长角闪岩）呈"互层状"产出；(b) 含石榴花岗片麻岩含中粗粒变基性岩（斜长角闪岩）条带及变形的石英脉；(c) 含石榴花岗片麻岩包裹变基性岩透镜体；(d) 中粗粒变基性岩及富绿帘石和石榴子石的变基性岩构造透镜体

观察点 5.7　异剥钙榴岩和蛇纹岩（古山）

该观察点位于二郎河镇古山，其经纬度为30°17.402′N和116°00.952′E，出露了镁铁-超镁铁质岩石，包括蛇纹岩、深色异剥钙榴岩和浅色异剥钙榴岩等岩石（图3-40）。锆石SHRIMP U-Pb同位素定年结果表明，蛇纹岩和深色异剥钙榴岩的原岩时代都为～1.4 Ga、异剥钙榴岩化的时间为～1.0 Ga，并经历了221±3 Ma变质作用（Li et al.，2017；及未发表数据）；浅色异剥钙榴岩（样品号1901SS4-1）的形成时间为774±6 Ma（未发表资料),这与蒲河变玄武岩(见"观察点5.4")的形成时代一致。因此,异剥钙榴岩化可能发生过两期,然而,其发生的大地构造背景、过程及 *P-T* 条件尚需要更多的岩石学和系统的地球化学方面的研究予以制约。

图 3-40　宿松二郎河镇古山变质镁铁-超镁铁质岩

(a)蛇纹岩;(b)深色异剥钙榴岩;(c)浅色异剥钙榴岩;(d)含较大角闪石晶体的深色异剥钙榴岩,与浅色异剥钙榴岩条带相邻

观察点5.8　"张八岭群"钠长云母石英片岩(河塌)

该观察点位于宿松县河塌西南公路旁(图3-33),其经纬度为 30°16.329′N 和 116°12.217′E。出露了原"张八岭群"浅变质的细碧石英角斑岩,目前表现为强烈褶皱变形的钠长云母石英片岩(图3-41),主要矿物有钠长石、(多硅)白云母、石英、绢云母、绿帘石等。锆石 SHRIMP U-Pb 定年结果表明,其原岩形成时代为 784 ± 5 Ma,并经历了 ~750 Ma 的热变质叠加(Li et al.,2017)。

图 3-41　宿松县河塌原"张八岭群"钠长云母石英片岩的褶皱变形

六、前陆带

观察点　二叠纪地层的褶皱变形（徐桥）

该观察点位于前陆带太湖县徐桥镇东（图 3-33），其经纬度为 30°15.672′N 和 116°23.409′E。卷入褶皱变形的岩石为二叠纪薄层硅质岩、泥质硅质岩地层，表现为多期构造变形，包括层间滑动和褶皱以及多种类型节理和断层（一种断层面陡立）（图 3-42）。岩石力学性质较强的硅质岩的强烈褶皱变形指示南北板块碰撞之后，华北板块向南的巨大挤压和构造推覆作用的结果。

(a)

(b)

图 3-42　太湖县徐桥二叠纪地层的褶皱变形

（a）薄层硅质岩褶皱轴面近直立的变形；（b）薄层硅质岩的层间滑动与褶皱变形

思　考　题

1. 简述俯冲碰撞造山带中磨拉石和(变质)复理石的含意及其大地构造意义。
2. 部分熔融与混合岩化作用之间的联系和区别有哪些?
3. 转熔矿物的识别及其形成条件的确定依据和方法有哪些?
4. 古缝合线/缝合带的主要鉴别标志是什么?
5. 何为汇聚板块边缘? 简述增生楔的岩石组成、主要特点及成因。
6. 简述造山带的主要类型及其主要特点。
7. 俯冲带超高压变质作用的典型岩石学和矿物学标志有哪些?
8. 不同变质相条件下的矿物相是如何转变的? 如何识别?
9. 如何有效限定高压-超高压岩石的峰期 P-T 条件及时代?
10. 论述俯冲地壳岩石的折返机制。
11. 大别碰撞造山带的主要构造岩石单位及其主要特点有哪些?
12. 俯冲陆壳与洋壳岩石之间的主要地球化学识别方法有哪些?
13. 华北板块与华南板块的主要差异性表现在哪些方面?
14. 秦岭、大别和苏鲁造山带之间的重大差异性主要表现在哪些方面?
15. 简述大别造山带的主要边界断裂及其主要特点。
16. 俯冲陆壳与上地幔相互作用标志有哪些?
17. 如何识别俯冲地壳岩石的再循环? 涉及哪些研究对象和方法?
18. 简述俯冲碰撞造山带的构造格架和主要岩石组成。
19. 大别造山带燕山期山根垮塌的岩石学表现有哪些?
20. 简述不同类型变质岩的同位素定年方法及其年代学意义。
21. 简述不同变质 P-T 条件下的不同同位素体系及其封闭温度。

主要参考文献

陈丹玲,刘良,廖小莹,等.2019.北秦岭高压-超高压岩石的时空分布、$P-T-t$ 演化及其形成机制.地球科学,44(12):4017-4027.

第五春荣,孙勇,刘良,等.2010.北秦岭宽坪岩群的解体及新元古代 N-MORM.岩石学报,26:2025-2038.

董云鹏,张国伟,杨钊,等.2007.西秦岭武山 E-MORB 型蛇绿岩及相关火山岩地球化学.中国科学:D 辑,37(增刊1):199-208.

郭彩莲,陈丹玲,樊伟,等.2010.豫西二郎坪满子营花岗岩体地球化学及年代学研究.岩石矿物学杂志,29(1):15-22.

董树文,王小凤,黄德志.1996.大别山超高压变质带内浅变质岩片的发现及意义.科学通报,41(9):815-820.

古晓锋,刘贻灿,邓亮鹏.2013.北大别罗田榴辉岩的同位素年代学和岩石成因及其在折返过程中的元素和同位素行为.科学通报,58:2132-2137.

古晓锋,刘贻灿,刘佳.2017.大别山镁铁质下地壳的 Pb 同位素成分:来自榴辉岩的制约.地球科学与环境学报,39:34-46.

金福全,颜怀学,吕培基,等.1987.北淮阳区地层研究的新进展:论北淮阳区的地层层序.合肥工业大学学报,9(地质专辑):3-12.

江来利,Wolfgang Siebel,陈福坤,等.2005.大别造山带北部卢镇关杂岩的 U-Pb 锆石年龄.中国科学:D 辑,35:411-419.

李秋立,李曙光,侯振辉,等.2004.青龙山榴辉岩高压变质新生锆石 SHRIMP U-Pb 定年、微量元素及矿物包裹体研究.科学通报,49(22):2329-2334.

李任伟,万渝生,陈振宇,等.2004.根据碎屑锆石 SHRIMP U-Pb 测年恢复早侏罗世大别造山带源区特征.中国科学:D 辑,34(4):320-328.

李任伟,孟庆任,李双应.2005.大别山及邻区侏罗和石炭纪时期盆-山耦合.岩石学报,21(4):1133-1143.

李曙光,安诗超.2014.变质同位素年代学:Rb-Sr 和 Sm-Nd 体系.地学前缘,21(2):1-10.

李曙光,黄方,周红英,等.2001.大别山双河超高压变质岩及北部片麻岩的 U-Pb 同位素组成:对超高压岩石折返机制的制约.中国科学:D 辑,31(2):977-984.

李曙光,李惠民,陈移之,等.1997.大别山-苏鲁地体超高压变质年代学.Ⅱ.锆石 U-Pb 同位素体系.中国科学:D 辑,23(3):200-206.

李曙光,李秋立,侯振辉,等.2005.大别山超高压变质岩的冷却史及折返机制.岩石学报,21:

1117-1124.

李曙光,刘德良,陈移之,等.1992.大别山南麓含柯石英榴辉岩的 Sm-Nd 同位素年龄.科学通报, 37(4):346-349.

李曙光,何永胜,王水炯.2013.大别造山带的去山根过程与机制:碰撞后岩浆岩的年代学和地球 化学制约.科学通报,58(23):2316-2322.

李双应,金福全,王道轩等.2011.地层证据:对大别造山带汇聚历史的制约.地质科学,46(2): 288-307.

李远,刘贻灿,杨阳,等,2018.大别山宿松变质带花岗片麻岩的锆石 U-Pb 年龄和 Hf 同位素成 分.地球科学与环境学报,40(1):61-75.

刘良,廖小莹,张成立,等.2013.北秦岭高压-超高压岩石的多期变质时代及其地质意义.岩石学 报,29(5):1634-1656.

刘晓春,李三忠,江博明.2015.桐柏-红安造山带的构造演化:从大洋俯冲/增生到陆陆碰撞.中国 科学:D 辑,45:1088-1108.

刘雅琴,胡克.1999.中国中部高铝质超高压变质岩.岩石学报,15(4):548-556.

刘贻灿,徐树桐,江来利,等.1996.佛子岭群的岩石地球化学及构造环境.安徽地质,6(2):1-6.

刘贻灿,李曙光.2005.大别山下地壳岩石及其深俯冲.岩石学报,21(4):1059-1066.

刘贻灿,李曙光.2008.俯冲陆壳内部的拆离和超高压岩石的多板片差异折返:以大别-苏鲁造山 带为例.科学通报,53(18):2153-2165.

刘贻灿,李曙光,古晓锋,等.2006.北淮阳王母观橄榄辉长岩锆石 SHRIMP U-Pb 年龄及其地质 意义.科学通报,51(18):2175-2180.

刘贻灿,徐树桐,江来利,等.1998.大别山北部的变质复理石推覆体.中国区域地质,17(2): 156-162.

刘贻灿,李曙光,徐树桐,等.2000a.大别山北部榴辉岩和英云闪长质片麻岩锆石 U-Pb 年龄及多 期变质增生.高校地质学报,6(3):417-423.

刘贻灿,徐树桐,李曙光,等.2000b.大别山北部鹿吐石铺含石榴子石斜长角闪岩的变质特征及 Rb-Sr 同位素年龄.安徽地质,10(3):194-198.

刘贻灿,徐树桐,李曙光,等.2001.大别山北部镁铁-超镁铁质岩带中榴辉岩的分布与变质温压条 件.地质学报,75(3):385-395.

刘贻灿,刘理湘,古晓锋,等.2010.大别山北淮阳带西段新元古代浅变质花岗岩的发现及其大地 构造意义.科学通报,55:2391-2399.

刘贻灿,李远,刘理湘,等.2013.大别造山带三叠纪低级变质的新元古代火成岩:俯冲陆壳表层拆 离折返的岩片.科学通报,58(23):2330-2337.

刘贻灿,邓亮鹏,古晓锋,等.2014.北大别的多阶段高温变质作用与部分熔融及其地球动力学过 程和大地构造意义.地质科学,49(2):355-367.

刘贻灿,杨阳,姜为佳,等.2019.大别造山带在大陆裂解、地壳的俯冲-折返及山根垮塌期间的多 期部分熔融作用.地球科学,44(12):4195-4202.

刘贻灿,王辉,杨阳,等.2020.大别山北淮阳带东段石榴斜长角闪岩石炭纪变质作用的测定.地球 科学,45(2):355-366.

刘贻灿,侯克斌,杨阳,等.2021.大别山北淮阳带奥陶纪花岗岩的厘定及其对北秦岭东延的启示.

大地构造与成矿学,45(2):401-412.

刘贻灿,张成伟.2020.深俯冲地壳的折返:研究现状与展望.中国科学:D辑,50(12):1748-1769.

马昌前,明厚利,杨坤光.2004.大别山北麓的奥陶纪岩浆弧:侵入年代学和地球化学证据.岩石学报,20(3):393-402.

裴先治,丁仨平,李佐臣,等.2009.西秦岭北缘早古生代天水-武山构造带及其构造演化.地质学报,83(11):1547-1564.

桑宝梁,陈跃志,邵桂清.1987.安徽西南部宿松河塌浅变质石英角斑岩系的特征及铷锶年龄.岩石学报,3(1):56-63.

孙卫东,李曙光,肖益林,等.1995.北秦岭黑河丹凤群岛弧火山岩建造的发现及其构造意义.大地构造与成矿学,19(3):227-236.

索书田,钟增球,游振东.2000.大别地块超高压变质期后伸展变形及超高压变质岩石折返过程.中国科学:D辑,30(1):9-17.

王道轩,刘因,李双应,等.2001.大别超高压变质岩折返至地表的时间下限:大别山北麓晚侏罗世砾岩中发现榴辉岩砾石.科学通报,46(14):1216-1220.

王辉,刘贻灿,杨阳,等.2019.北淮阳带东段铁冲石榴斜长角闪岩的变质演化和P-T轨迹.矿物岩石,39(4):97-108.

王薇,朱光,张帅,等.2017.合肥盆地中生代地层时代与源区的碎屑锆石证据.地质论评,63(4):955-977.

王小凤,李中坚,陈柏林,等.2000.郯庐断裂带.北京:地质出版社.

魏春景,单振刚.1997.安徽省大别山南部宿松杂岩变质作用研究.岩石学报,13(3):356-368.

吴维平,徐树桐,江来利,等.1998.中国东部大别山超高压变质杂岩中的石英硬玉岩带.岩石学报,14(1):60-70.

谢智,陈江峰,张巽.2002.北淮阳新元古代基性侵入岩年代学初步研究.地球学报,23(6):517-520.

徐嘉炜.1980.郯-庐断裂带的平移运动及其地质意义//地质部书刊室.国际地质学术论文集.北京:地质出版社.

徐嘉炜.1984.郯城-庐江平移断裂系统//构造地质论丛(3).北京:地质出版社.

徐嘉炜,马国锋.1992.郯庐断裂带研究的十年回顾.地质论评,38(4):316-324.

徐树桐,江来利,刘贻灿,等.1992.大别山区(安徽部分)的构造格局和演化过程.地质学报,66(1):1-13.

徐树桐,陈冠宝,陶正.1993.中国东部徐-淮地区地质构造格局及其形成背景.北京:地质出版社.

徐树桐,刘贻灿,江来利,等.1994.大别山的构造格局和演化.北京:科学出版社.

徐树桐,江来利,刘贻灿,等.1995.大别山区特征性构造-岩石单位分带及其形成和演化[R].合肥:安徽省地质科学研究所.

徐树桐,刘贻灿,陈冠宝,等.2003.大别山、苏鲁地区榴辉岩中新发现的微粒金刚石.科学通报,48(10):1069-1075.

徐树桐,刘贻灿,江来利,等.2002.大别山造山带的构造几何学和运动学.合肥:中国科学技术大学出版社.

徐树桐,刘贻灿,苏文,等.1999.大别山超高压变质带面理化榴辉岩中变形石榴子石的几何学和运动学特征及其大构造意义.岩石学报,15(3):321-337.

徐树桐,苏文,刘贻灿,等.1991.大别山东段高压变质岩中的金刚石.科学通报,36(17):1318-1321.

徐树桐,吴维平,苏文,等.1998.大别山东部榴辉岩带中的变质花岗岩及其大地构造意义.岩石学报,14(1):42-59.

徐树桐,吴维平,肖万生,等.2006.大别山南部天然碳硅石.岩石矿物学杂志,25(4):314-322.

许志琴,李源,梁凤华等.2015."秦岭-大别-苏鲁"造山带中"古特提斯缝合带"的连接.地质学报,89(4):671-680.

许志琴,卢一伦,汤耀庆.1988.东秦岭复合山链的形成变形、演化及板块动力学.北京:中国环境科学出版社.

薛怀民,董树文,刘晓春.2003.北大别大山坑二长花岗片麻岩的地球化学特征与锆石 U-Pb 年代学.地球科学进展,18(2):192-197.

薛怀民,马芳,宋永勤.2011.扬子克拉通北缘随(州)-枣(阳)地区新元古代变质岩浆岩的地球化学和 SHRIMP 锆石 U-Pb 年代学研究.岩石学报,27:1116-1130.

闫臻,付长垒,牛漫兰,等.2021.造山带中增生楔识别与地质意义.地质科学,56(2):430-448.

杨经绥,许志琴,裴先治,等.2002.秦岭发现金刚石:横贯中国中部巨型超高压变质带新证据及古生代和中生代两期深俯冲作用的识别.地质学报,76(4):484-495.

杨栋栋,李双应,赵大千,等.2012.大别山北缘石炭系碎屑岩地球化学及碎屑锆石年代学分析及其对物源区大地构造属性判别的制约.岩石学报,28,2619-2628.

叶伯丹,简平,许俊文.1993.桐柏-大别造山带北坡苏家河地体拼接带及其构成和演化.武汉:中国地质大学出版社.

张成立,刘良,王涛,等.2013.北秦岭早古生代大陆碰撞过程中的花岗岩浆作用.科学通报,58,2323-2329.

张国伟.1988.秦岭造山带的形成及其演化.西安:西北大学出版社.

张国伟,张本仁,袁学成,等.2001.秦岭造山带与大陆动力学.北京:科学出版社.

张宏飞,高山,张本仁.2001.大别山地壳结构的 Pb 同位素地球化学示踪.地球化学,30(4):395-401.

翟明国,从柏林,陈晶,等.1995.大别山区变质岩中蓝晶石的几种退变质反应及其所指示的动力学过程.岩石学报,11(3):257-272.

郑永飞,吴元保,赵子福,等.2004.大别山北麓发现新元古代低^{18}O岩浆岩.科学通报,49(14):1468-1470.

钟增球,索书田,游振东.1998.大别山高压、超高压变质期后伸展构造格局.地球科学,23(3):225-229.

钟增球,索书田,张宏飞等.2001.桐柏-大别碰撞造山带的基本组成与结构.地球科学,26(6):560-567.

周建波,郑永飞,吴元保.2002.苏鲁造山带西北缘五莲花岗岩中锆石 U-Pb 年龄及其地质意义.科学通报,47(22):1745-1750.

朱光,刘国生,Dunlap W J,等.2004.郯庐断裂带同造山走滑运动的^{40}Ar/^{39}Ar 年代学证据.科学通报,49(2):190-198.

Ames L，Zhou G，Xiong B. 1996. Geochronology and isotopic character of ultrahigh-pressure metamorphism with implications for the collision of the Sino-Korean and Yangtze cratons, central China. Tectonics，15：472-489.

An S C，Li S G，Liu Z. 2018. Modification of the Sm-Nd isotopic system in garnet induced by retrogressive fluids. Journal of Metamorphic Geology，36：1039-1048.

Andrews E R，Billen M I. 2009. Rheologic controls on the dynamics of slab detachment. Tectonophysics，464：60-69.

Ayers J C，Dunkle S，Gao S，et al. 2002. Constraints on timing of peak and retrograde metamorphism in the Dabie Shan Ultrahigh-Pressure Metamorphic Belt，east-central China, using U-Th-Pb dating of zircon and monazite. Chemical Geology，186(3)：315-331.

Barr S B，Temperley S，Tarney J. 1999. Lateral growth of the continental crust through deep level subduction-accretion：A re-evaluation of central Greek Rhodope. Lithos，46(1)：69-94.

Beaumont C，Ellis S，Hamilton J，et al. 1996. Mechanical model for subduction-collision tectonics of Alpine-type compressional orogens. Geology，24 (8)：675-678.

Bousquet R. 2008. Metamorphic heterogeneities within a single HP unit：Overprint effect or metamorphic mix? Lithos，103：46-69.

Brown M. 2007. Metamorphic conditions in orogenic belts：A record of secular change. International Geology Review，49：193-234.

Brown M. 2009. Metamorphic patterns in orogenic systems and the geological record// Cawood P A，Kröner A. Accretionary orogens in space and time. The Geological Society，London，Special Publications，318：37-74.

Brown M. 2014. The contribution of metamorphic petrology to understanding lithosphere evolution and geodynamics. Geoscience Frontiers，5：553-569.

Carry N，Gueydan F，Brun J P，et al. 2009. Mechanical decoupling of high-pressure crustal units during continental subduction. Earth and Planetary Science Letters，278：13-25.

Castelli D，Rolfo F，Compagnoni R，et al. Metamorphic veins with kyanite，zoisite and quartz in the Zhu-Jia-Chong eclogite，Dabie Shan，China. Island Arc，1998，7：159-173.

Cawood P A，Buchan C. 2007. Linking accretionary orogenesis with supercontinent assembly. Earth-Science Reviews，82：217-256.

Cawood P A，Kröner A，Collins W J，et al. 2009. Accretionary orogens through Earth history// Cawood P A，Kröner A. Accretionary orogens in space and time. The Geological Society, London，Special Publications，318：1-36.

Chemenda A I，Mattauer M，Bokun A N. 1996. Continental subduction and a mechanism for exhumation of high-pressure metamorphic rocks：New modelling and field data from Oman. Earth and Planetary Science Letters，143：173-182.

Chemenda A I，Mattauer M，Malavieille J，et al. 1995. A mechanism for syn-collisional rock exhumation and associated normal faulting：Results from physical modelling. Earth and Planetary Science Letters，132：225-232.

Chen F K，Guo J，Jiang L，et al. 2003. Provenance of the Beihuaiyang lower-grade metamorphic zone of the Dabie ultrahigh-pressure collisional orogen, China: evidence from zircon ages. Journal of Asian Earth Sciences, 22:343-352.

Chen F K, Zhu X Y, Wang W, et al. 2009. Single-grain detrital muscovite Rb-Sr isotopic composition as an indicator of provenance for the Carboniferous sedimentary rocks in northern Dabie, China. Geochemical Journal, 43:257-273.

Chen N S, Sun M, You Z D, et al. 1998. Well-preserved garnet growth zoning in granulite from the Dabie Mountains, central China. Journal of Metamorphic Geology, 16:213-222.

Chen Y, Ye K, Liu J B, et al. 2006. Multistage metamorphism of the Huangtuling granulite, Northern Dabie orogen, eastern China: implications for the tectonometamorphic evolution of subducted lower continental crust. Journal of Metamorphic Geology, 24:633-654.

Cheng H, King R L, Nakamura E, et al. 2009a. Transitional time of oceanic to continental subduction in the Dabie orogen: constraints from U-Pb, Lu-Hf, Sm-Nd and Ar-Ar multichronometric dating. Lithos, 101:327-342.

Cheng H, Nakamura E, Zhou Z. 2009b. Garnet Lu-Hf dating of retrograde fluid activity during ultrahigh-pressure metamorphic eclogites exhumation. Mineralogy and Petrology, 95:315-326.

Chopin C. 1984. Coesite and pure pyrope in high-grade blueschists of the Western Alps: A first record and some consequences. Contributions to Mineralogy and Petrology, 86(2):107-118.

Cliff R A. Isotopic dating in metamorphic belts. 1985. Journal - Geological Society (London), 142(1):97-110.

Coleman R G. 1967. Low-temperature reaction zone and alpine ultramafic rocks of California, Oregon, and Washington. U. S. Geological Survey Bulletin, 1247:1-49.

Coleman R G. 1977. Ophiolites. New York: Springer-Verlag.

Condie K C, Kröner A. 2008. When did plate tectonics begin? Evidence from the geologic record//Condie K C, Pease V. When did plate tectonics begin on planet earth. Geological Society of America Special Paper.

Condon D, Zhu M, Bowring S, et al. 2005. U-Pb ages from the neoproterozoic Doushantuo Formation, China. Science, 308:95-98.

Cong B L. 1996. Ultrahigh-pressure metamorphic rocks in the Dabieshan-Sulu region of China. Beijing: Science Press.

Cooper A F, Palin J M. 2018. Two-sided accretion and polyphase metamorphism in the Haast Schist belt, New Zealand: Constraints from detrital zircon geochronology. Geological Society of America Bulletin, 130(9/10):1501-1518.

Davies J H, von Blanckenburg F. 1995. Slab breakoff: A model of lithosphere detachment and its test in the magmatism and defonnation of collisional orogens. Earth and Planetary Science Letters, 129:85-102.

Deng L P, Liu Y C, Gu X F, et al. 2018. Partial melting of ultrahigh-pressure metamorphic rocks at convergent continental margins: Evidences, melt compositions and physical effects. Geoscience Frontiers, 9:1229-1242.

Deng L P, Liu Y C, Yang Y, et al. 2019. Anatexis of high-T eclogites in the Dabie orogen triggered by exhumation and post-orogenic collapse. European Journal of Mineralogy,31:889-903.

Deng L P,Liu Y C,Groppo C,et al. 2021. New constraints on P-T-t path of high-T eclogites in the Dabie orogen,China. Lithos,384/385:105933.

Dewey J F. 1969. Evolution of the appalachian/Caledonianorogen. Nature,222:124-129.

Dewey J F,Bird J M. 1971. The origin and emplacement of the ophiolite suite:Appalachian ophiolites in Newfoundland. Journal of Geophysical Research,76(14):3179-3206.

Dewey J F,Spall H. 1975. Pre-Mesozoic plate tectonics. Geology,3:422-424.

Dong S W,Chen J,Huang D. 1998. Differential exhumation of tectonic units and ultrahigh-pressure metamorphic rocks in the Dabie Mountains,China. Island Arc,7:174-183.

Dong S W ,Gao R ,Cong B L,et al. 2004. Crustal structure of the southern Dabie ultrahigh-pressure orogen and Yangtze foreland from deep seismic reflection profiling. Terra Nova,16:319-324.

Dong Y P,Zhang G W,Neubauer F,et al. 2011. Tectonic evolution of the Qinling orogen,China:Review and synthesis. Journal of Asian Earth Sciences,41:213-237.

Dong Y P,Liu X M,Neubauer F,et al. 2013. Timing of Paleozoic amalgamation between the North China and South China Blocks:Evidence from detrital zircon U-Pb ages. Tectonophysics,586:173-191.

Dong Y P,Santosh M. 2016. Tectonic architecture and multiple orogeny of the Qinling Orogenic Belt,Central China. Gondwana Research,29:1-40.

Dodson M H. 1973. Closure temperature in cooling geochronological and petrological systems. Contributions to Mineralogy and Petrology,40:259-274.

Duretz T,Gerya T V. 2013. Slab detachment during continental collision:Influence of crustal rheology and interaction with lithospheric delamination. Tectonophysics,602:124-140.

Eide E A. 1995. A model for the tectonic history of HP and UHPM regions in east central China//Coleman R G, Wang X. Ultrahigh-pressure metamorphism. Cambridge:Cambridge University Press.

Ernst W G,Maruyama S,Wallis S. 1997. Buoyancy-driven,rapid exhumation of ultrahigh-pressure metamorphosed continental crust. Proceedings of the National Academy of Sciences,94:9532-9537.

Ernst W G,Liou J G. 2008. High- and ultrahigh-pressure metamorphism:Past results and future prospects. American Mineralogist,93:1771-1786.

Ferrando S,Frezzotti M L,Orione P,et al. 2010. Late-alpine rodingitization in the Bellecombe meta-ophiolites (Aosta Valley,Italian Western Alps):evidence from mineral assemblages and serpentinization-derived H2-bearing brine. International Geology Review,52:1220-1243.

Frost B R,Chacko T. 1989. The granulite uncertainty principle:Limitations on thermobarometry in granulites. The Journal of Geology,97(4):435-450.

Faure M,Lin W,Shu L,et al. 1999. Tectonics of the Dabieshan (eastern China) and possible exhumation mechanism of ultra high-pressure rocks. Terra Nova,11:251-258.

Gao X Y, Zheng Y F, Chen Y X, et al. 2015. Zircon geochemistry records the action of metamorphic fluid on the formation of ultrahigh-pressure jadeite quartzite in the Dabie orogen. Chemical Geology,149:158-175.

Gerya T V, Yuen D A, Maresch W V. 2004. Thermomechanical modelling of slab detachment. Earth and Planetary Science Letters,226:101-116.

Greenly E. 1919. The geology of Angelsey. Great Britain Geololgical Survey Memoir,980.

Groppo C, Lombardo B, Rolfo F, et al. 2007. Clockwise exhumation path of granulitized eclogites from the Ama Drime range (Eastern Himalayas). Journal of Metamorphic Geology,25:51-75.

Groppo C, Beltrando M, Compagnoni R. 2009. The P-T path of the ultra-high pressure Lago Di Cignana and adjoining high-pressure meta-ophiolitic units: insights into the evolution of the subducting Tethyan slab. Journal of Metamorphic Geology,27:207-231.

Groppo C, Rolfo F, Liu Y C, et al. 2015. P-T evolution of elusive UHP eclogites from the Luotian dome (North Dabie Zone, China): How far can the thermodynamic modeling lead us? Lithos, 226:183-200.

Hacker B R, Ratschbacher L, Webb L E, et al. 1998. U/Pb Zircon ages constrain the architecture of the ultrahigh-pressure Qinling-Dabie orogen, China. Earth and Planetary Science Letters, 161:215-230.

Hacker B R, Ratschbacher L, Webb L, et al. 2000. Exhumation of ultrahigh-pressure continental crust in east central China: Late Triassic-Early Jurassic tectonic unroofing. Journal of Geophysical Research,105(B6):13339-13364.

Hsü K J. 1968. Principles of mélanges and their bearing on the Franciscan-Knoxville paradox. Geological Society of America Bulletin,79:1063-1074.

Hsü K J, Wang Q C, Li J L, et al. 1987. Tectonic evolution of Qinling mountains, China. Eclogae Geologicae Helvetiae,80:735-752.

Isozaki Y, Maruyama S, Furuoka F. 1990. Accreted oceanic materials in Japan. Tectonophysics, 181(1/2/3/4):179-205.

Jahn B M, Fan Q C, Yang J J, et al. 2003. Petrogenesis of the Maowu pyroxenite-eclogite body from the UHP metamorphic terrane of Dabieshan: Chemical and isotopic constraints. Lithos, 70:243-267.

Jahn B M, Wu F Y, Lo C H, et al. 1999. Crust-mantle interaction induced by deep subduction of the continental crust: Geochemical and Sr-Nd isotopic evidence from post-collisional mafic-ultramafic intrusions of the northern Dabiecomplex, central China. Chemical Geology,157: 119-146.

Jin F Q. 1989. Carboniferous paleogeography and paleoenvironment between the North and South China blocks in eastern China. Journal of Southeast Asian Earth Sciences,3(1/2/3/4): 219-222.

Kelsey D E, Clark C, Hand M. 2008. Thermobarometric modelling of zircon and monazite growth in melt-bearing systems: examples using model metapelitic and metapsammitic granulites. Journal of Metamorphic Geology,26:199-212.

Lahtinen R, Korja A, Nironen M, et al. 2009. Palaeoproterozoic accretionary processes in Fennoscandia//Cawood P A, Kröner A. Accretionary orogens in space and time. The Geological Society, London, Special Publications, 318: 237-256.

Li J Y, Yang T N, Chen W, et al. 2003. ^{40}Ar/^{39}Ar Dating of deformation events and reconstruction of exhumation of ultrahigh-pressure metamorphic rocks in Donghai, East China. Acta Geologica Sinica, 77: 155-168.

Li Q L, Li S G, Zheng Y F, et al. 2003. A high precision U-Pb age of metamorphic rutile in coesite-bearing eclogite from the Dabie Mountains in central China: A new constraint on the cooling history. Chemical Geology, 200: 255-265.

Li R W, Li S Y, Jin F Q, et al. 2004a. Provenance of Carboniferous sedimentary rocks in the northern margin of Dabie Mountains, central China and the tectonic significance: constraints from trace elements, mineral chemistry and SHRIMP dating of zircons. Sedimentary Geology, 166: 245-264.

Li S G, Jagoutz E, Chen Y Z, et al. 2000. Sm-Nd and Rb-Sr isotopic chronology and cooling history of ultrahigh pressure metamorphic rocks and their country rocks at Shuanghe in the Dabie Mountains, Central China. Geochimica et Cosmochimica Acta, 64: 1077-1093.

Li S G, Wang S S, Chen Y Z, et al. 1994. Excess argon in phengite from eclogite: Evidence from dating of eclogite minerals by Sm-Nd, Rb-Sr and ^{40}Ar/^{39}Ar methods. Chemical Geology, 112: 343-350.

Li S G, Xiao Y L, Liu D L, et al. 1993. Collision of the North China and Yangtse Blocks and formation of coesite-bearing eclogites: Timing and processes. Chemical Geology, 109: 89-111.

Li S G, Huang F, Nie Y, et al. 2001. Geochemical and geochronological constrains on the suture location between the North and South China Blocks in the Dabie orogen, central China. Physics and Chemistry of the Earth: A, 26: 655-672.

Li S G, Wang C X, Dong F, et al. 2009. Common Pb of UHP metamorphic rocks from the CCSD project (100~5000 m) suggesting decoupling between the slices within subducting continental crust and multiple thin slab exhumation. Tectonophysics, 475: 308-317.

Li X P, Zheng Y F, Wu Y B, et al. 2004b. Low-T eclogite in the Dabie terrane of China: Petrological and isotopic constraints on fluid activity and radiometric dating. Contributions to Mineralogy and Petrology, 148: 443-470.

Li Y, Liu Y C, Yang Y, et al. 2017. New U-Pb Geochronological constraints on formation and evolution of the Susong complex zone in the Dabie orogen. Acta Geologica Sinica (English Edition), 91(5): 1915-1918.

Li Y, Liu Y C, Yang Y, et al. 2020a. Petrogenesis and tectonic significance of Neoproterozoic meta-basites and meta-granitoids within the central Dabie UHP zone, China: Geochronological and geochemical constraints. Gondwana Research 78: 1-19.

Li Y, Yang Y, Liu Y C, et al. 2020b. Muscovite dehydration melting in silica-undersaturated systems: A case study from corundum-bearing anatectic rocks in the Dabie orogen. Minerals 10 (3): 213.

Liou J G, Zhang R Y. 1998. Petrogenesis of an ultrahigh-pressure garnet-bearing ultramafic body from Maowu, Dabie Mountains, east-central China. The Island Arc, 7:115-134.

Liu D Y, Jian P, Kröner A, et al. 2006a. Dating of prograde metamorphic events deciphered from episodic zircon growth in rocks of the Dabie-Sulu UHP complex, China. Earth and Planetary Science Letters, 250:650-666.

Liu F L, Xu Z Q, Liou J G, et al. 2004a. SHRIMP U-Pb ages of ultrahigh-pressure and retrograde metamorphism of gneisses, south-western Sulu terrane, eastern China. Journal of Metamorphic Geology, 22:315-326.

Liu F L, Gerdes A, Liou J G, et al. 2006b. SHRIMP U-Pb zircon dating from Sulu-Dabie dolomitic marble, eastern China: constraints on prograde, ultrahigh-pressure and retrograde metamorphic ages. Journal of Metamorphic Geology, 24:569-589.

Liu F L, Gerdes A, Robinson P T, et al. 2007. Zoned zircon from eclogite lenses in marbles from the Dabie-Sulu UHP terrane, China: A clear record of ultra-deep subduction and fast exhumation. Acta Geologica Sinica, 81(2):204-225.

Liu F L, Gerdes A, Xue H M. 2009. Differential subduction and exhumation of crustal slices in the Sulu HP-UHP metamorphic terrane: insights from mineral inclusions, trace elements, U-Pb and Lu-Hf isotope analyses of zircon in orthogneiss. Journal of Metamorphic Geology, 27:805-825.

Liu J B, Ye K, Maruyama S, et al. 2001. Mineral inclusions in zircon from gneisses in the ultrahigh-pressure zone of the Dabie Mountains, China. The Journal of Geology, 109:523-535.

Liu L, Zhang J F, Green H W, et al. 2007. Evidence of former stishovite in metamorphosed sediments, implying subduction to >350 km. Earth and Planetary Science Letters, 263:180-191.

Liu L, Liao X Y, Wang YW, et al. 2016. Early Paleozoic tectonic evolution of the North Qinling orogenic belt in Central China: Insights on continental deep subduction and multiphase exhumation. Earth-Science Reviews, 159:58-81.

Liu X C, Jahn B M, Liu D Y, et al. 2004b. SHRIMP U-Pb zircon dating of a metagabbro and eclogites from western Dabieshan (Hong´an Block), China, and its tectonic implications. Tectonophysics, 394(3/4):171-192.

Liu X C, Jahn B M, Li S Z, et al. 2013. U-Pb zircon age and geochemical constraints on tectonic evolution of the Paleozoic accretionary orogenic system in the Tongbai orogen, central China. Tectonophysics, 599:67-88.

Liu Y C, Li S G, Xu S T, et al. 2004c. Retrogressive microstructures of the eclogites from the northern Dabie Mountains, central China: Evidence for rapid exhumation. Journal of China University of Geosciences, 15(4):349-354.

Liu Y C, Li S, Xu S T, et al. 2005. Geochemistry and geochronology of eclogites from the northern Dabie Mountains, central China. Journal of Asian Earth Sciences, 25:431-443.

Liu Y C, Li S G, Gu X F, et al. 2007a. Ultrhigh-pressure eclogite transformed from mafic granulite in the Dabie orogen. Journal of Metamorphic Geology, 25:975-989.

Liu Y C,Li S G,Xu S T.2007b.Zircon SHRIMP U-Pb dating for gneiss in northern Dabie high T/P metamorphic zone,central China:Implication for decoupling within subducted continental crust.Lithos,96:170-185.

Liu Y C,Gu X,Li S,et al.2011a.Multistage metamorphic events in granulitized eclogites from the North Dabie complex zone,central China:evidence from zircon U-Pb age,trace element and mineral inclusion.Lithos,122:107-121.

Liu Y C,Gu X,Rolfo F,et al.2011b.Ultrahigh-pressure metamorphism and multistage exhumation of eclogite of the Luotian dome,North Dabie Complex Zone(central China):evidence from mineral inclusions and decompression textures.Journal of Asian Earth Sciences,42:607-617.

Liu Y C,Deng L,Gu X,et al.2015.Application of Ti-in-zircon and Zr-in-rutile thermometers to constrain high-temperature metamorphism in eclogites from the Dabie orogen,central China.Gondwana Reserch,27:410-423.

Liu Y C,Deng L,Gu X,et al.2016.Multistage metamorphic evolution and P-T-t path of high-T eclogite from the North Dabie Complex Zone during continental subduction and exhumation.Acta Geologica Sinica,90:759-760.

Liu Y C,Liu L X,Li Y,et al.2017.Zircon U-Pb geochronology and petrogenesis of metabasites from the western Beihuaiyang zone in the Hong'an orogen,central China:Implications for detachment within subducting continental crust at shallow depths.Journal of Asian Earth Sciences,14:74-90.

Ma W P.1989.Tectonics of the Tongbai-Dabie fold belt.Journal of Southeast Asian Earth Sciences,3(1/2/3/4):77-85.

Malaspina N,Hermann J,Scambelluri M,et al.2006.Multistage metasomatism in ultrahigh-pressure mafic rocks from the North Dabie Complex(China).Lithos,90:19-42.

Maruyama S,Liou J G,Zhang R.1994.Tectonic evolution of the ultrahigh-pressure(UHP)and high-pressure(HP)metamorphic belts from central China.Island Arc,3:112-121.

Maruyama S,Liou J G,Terabayashi M.1996.Blueschists and eclogites of the world and their exhumation.International Geology Review,38:485-594.

Massonne H J.2005.Involvement of crustal material in delamination of the lithosphere after continent-continent collision.International Geology Review,47:792-804.

Mattauer M.,Mattle P.,Malavieille J.,et al.1985.Tectonics of Qinling Belt:build-up and evolution of Eastern Asia.Nature,317:496-500.

Meissner R,Mooney W.1998.Weakness of the lower continental crust:A condition for delamination,uplift,and escape.Tectonophysics,296:47-60.

Mezger K,Krogstad E J.1997.Interpretation of discordant U-Pb zircon ages:An evaluation.Journal of Metamorphic Geology,15:127-140.

Miyashiro A.1961.Evolution of metamorphic belts.Journal of Petrology,2(3):277-311.

O'Brien P J.2001.Subduction followed by collision:Alpine and Himalayan examples.Physics of the Earth and Planetary Interiors,127:277-291.

Okay A I. 1993. Petrology of a diamond and coesite-bearing metamorphic terrain: Dabie Shan, China. European Journal of Mineralogy,5:659-675.

Okay A I. 1994. Sapphirine and Ti-elinohumite in ultra-high-pressure garnet-pyroxenite and eclogite from Dabie Shan,China. Contributions to Mineralogy and Petrology,116:145-155.

Okay A I,Sengör A M C. 1992. Evidence for intracontinental thrust-related exhumation of the ultrahigh-pressure rocks in China. Geology,20:411-414.

Okay A I,Sengör A M C,Satir M. 1993. Tectonics of an ultrahigh-pressure metamorphic terrane: The Dabie Shan/Tongbai orogen,China. Tectonics,12:1320-1334

Okay A I, Xu S, Sengör A M C. 1989. Coesite from the Dabie Shan eclogites, central China. European Journal of Mineralogy,1:595-598.

Oxburg E R. 1972. Flake tectonics and continental collision. Nature,239:202-204.

Pattison D R M, Chacko T, Farquhar J, et al. 2003. Temperatures of granulite-facies metamorphism: constraints from experimental phase equilibria and thermobarometry corrected for retrograde exchange. Journal of Petrology,44(5):867- 900.

Platt J, Leggett J, Young J, et al. 1985. Large-scale sediment underplating in the Makran accretionary prism,Southwest Pakistan. Geology,13(7):507-511.

Ratschbacher L,Hacker B R,Calvert A,et al. 2003. Tectonics of the Qinling (Central China): tectonostratigraphy,geochronology,and deformation history. Tectonophysics,366:1-53.

Ratschbacher L,Franz L,Enkelmann E,et al. 2006. The Sino-Korean-Yangtze suture,the Huwan detachment,and the Paleozoic-Tertiary exhumation of (ultra) high-pressure rocks along the Tongbai-Xinxian-Dabie Mountains//Hacker B R, McClelland W C, Liou J G. Ultrahigh-pressure metamorphic: Deep continental subduction. Geological Society of America Special Paper,403:45-75.

Ratschbacher L, Hacker B R, Webb L E, et al. 2000. Exhumation of the ultrahigh-pressure continental crust ineast-central China: Cretaceous and Cenozoic unroofing and the Tan-Lu fault. J. Geophys. Res. ,105:13303-13338.

Rolfo F,Compagnoni R,Wu W,et al. 2004. A coherent lithostratigraphic unit in the coesite-eclogite complex of Dabie Shan,China:geologic and petrologic evidence. Lithos,73:71-94.

Rowley D B, Xue F, Tucker R D, et al. 1997. Ages of ultrahigh pressure metamorphism and protolith orthogneisses from the eastern Dabie Shan: U/Pb zircon geochronology. Earth and Planetary Science Letters,151:191-203.

Rubatto D,Gebauer D,Compagnoni R. 1999. Dating of eclogite-facies zircons:The age of Alpine metamorphism in the Sesia-Lanzo zone (western Alps). Earth and Planetary Science Letters, 167:141-158.

Schaltegger U,Fanning C M,Gunther D,et al. 1999. Growth,annealing and recrystallization of zircon and preservation of monazite in high-grade metamorphism:Conventional and in-situ U-Pb isotope,cathodoluminescence and microchemical evidence. Contributions to Mineralogy and Petrology,34:186-201.

Şengör A M C,Natal'in B A. 1996. Turkic-type orogeny and its role in the marking of the continental crust. Annual Reviews of Earth and Planetary Sciences, 24:263-337.

Shen J, Wang Y, Li S G. 2014. Common Pb isotope mapping of UHP metamorphic zones in Dabie orogen, Central China: Implication for Pb isotopic structure of subducted continental crust. Geochimica et Cosmochimica Acta, 143:115-131.

Shen J, Li S G, Wang S J, et al. 2018. Subducted Mg-rich carbonates into the deep mantle wedge. Earth and Planetary Science Letters, 503:118-130.

Schertl H P, Okay A I. 1994. A coesite inclusion in dolomite in Dabie Shan, China: Petrological and rheological significance. European Journal of Mineralogy, 6: 995-1000.

Smith D C. 1984. Coesite in clinopyroxene in the Caledonides and its implications for geodynamics. Nature, 310:641-644.

Sobolev N V, Shatsky V S. 1990. Diamond inclusions in garnets from metamorphic rocks: A new environment for diamond formation. Nature, 343:742-746.

Song S G, Niu Y L, Zhang L F, et al. 2009. Tectonic evolution of early Paleozoic HP metamorphic rocks in the North Qilian Mountains, NW China: New perspectives. Journal of Asian Earth Sciences, 35:334-353.

Song S G, Niu Y L, Su L, et al. 2014. Continental orogenesis from ocean subduction, continent collision/subduction, to orogen collapse, and orogen recycling: The example of the North Qaidam UHPM belt, NW China. Earth-Science Reviews, 129: 59-84.

Stern R J. 2005. Evidence from ophiolites, blueschists, and ultrahigh-pressure metamorphic terranes that the modern episode of subduction tectonics began in Neoproterozoic time. Geology, 33(7):557-560.

Su W, Xu S T, Jiang L L, et al. 1996. Coesite from quartz-jadeitite in the Dabie Mountains, Eastern China. Mineralogical Magazine, 60:659-662.

Sun W D, Williams I S, Li S. 2002. Carboniferous and Triassic eclogites in the western Dabie Mountains, east-central China: evidence for protracted convergence of the North and South China Blocks. Journal of Metamorphic Geology, 20:873-886.

Tabata H, Yamauchi K, Maruyama S, et al. 1998. Tracing the extent of a UHP metamorphic terrane: Mineral-inclusion study of zircons in gneisses from the Dabie Shan// Hacker B R, Liou J G. When continents collide: Geodynamics and geochemistry of ultrahigh-pressure rocks. Dordrecht: Kluwer Academic Pulishers.

Tang J, Zheng Y F, Wu Y B, et al. 2006. Zircon SHRIMP U-Pb dating, C and O isotopes for impure marbles from the Jiaobei terrane in the Sulu orogen: Implication for tectonic affinity. Precambrian Research, 144:1-18.

Tsai C H, Liou J G. 2000. Eclogite-facies relics and inferred ultrahigh-pressure metamorphism in the North Dabie Complex, central-eastern China. American

Mineralogist,85:1-8.

Tsujimori T, Sisson V B, Liou J G, et al. 2006. Very-low-temperature record of the subduction process: A review of worldwide lawsonite eclogites. Lithos,92:609-624.

van Keken P E, Kiefer B, Peacock S M. 2002. High-resolution models of subduction zones: Implications for mineral dehydration reactions and the transport of water into the deep mantle. Geochemistry Geophysics Geosystems,3(10):1056.

Wakita K. 2012. Mappable features of mélanges derived from ocean plate stratigraphy in the Jurassic accretionary complexes of Mino and Chichibu terranes in Southwest Japan. Tectonophysics,568/569:74-85.

Wan Y S, Li R W, Wilde S A, et al. 2005. UHP metamorphism and exhumation of the Dabie Orogen, China: Evidence from SHRIMP dating of zircon and monazite from a UHP granitic gneiss cobble from the Hefei Basin. Geochimica et Cosmochimica Acta,69:4333-4348.

Wang Q C, Liu X H, Maruyama S, et al. 1995. Top boundary of the Dabie UHPM rocks, central China. Journal of Southeast Asian Earth Sciences,11(4):295-300.

Wang Q. C.& Cong B. L. 1999. Exhumation of UHP Terranes: A case study from the Dabie Mountains, eastern China. International Geology Review,41:994-1004.

Wang X, Liou J G, Mao H K. 1989. Coesite-bearing eclogites from the Dabie Mountains in central China. Geology,17:1085-1088.

Wang X, Jing Y, Liou J G, et al. 1990. Field occurrences and petrology of eclogites from the Dabie Mountains, Anhui, central China. Lithos,25:119-131.

Wang X M, Liou J G, Marruyama S. 1992. Coesite-bearing eclogites from the Dabie Mountains, central China: Petrogenesis, *P-T* path, and implications for regional tectonics. Journal of Geology,100:231-250.

Webb A A G, Yin A, Harrison T M, et al. 2011. Cenozoic tectonic history of the Himachal Himalaya (northwestern India), and its constraints on the formation mechanism of the Himalayan orogen. Geosphere,7:1013-1061.

Wei C J, Li Y J, Yu Y, et al. 2010. Phase equilibria and metamorphic evolution of glaucophane-bearing UHP eclogites from the Western Dabieshan Terrane, Central China. Journal of Metamorphic Geology,28:647-666.

Wei C J, Qian J H, Tian Z L. 2013. Metamorphic evolution of medium-temperature ultra-high pressure (MT-UHP) eclogites from the South Dabie orogen, Central China: An insight from phase equilibria modeling. Journal of Metamorphic Geology,31:755-774.

Wei C J, Cui Y, Tian Z L. 2015. Metamorphic evolution of LT-UHP eclogite from the south Dabie orogen, central China: An insight from phase equilibria modeling. Journal of Asian Earth Sciences,111:966-980.

Whitehouse M J, Platt J P. 2003. Dating high-grade metamorphism-constraints from rare-earth elements in zircons and garnet. Contributions to Mineralogy and Petrology, 145:61-74.

Wakabayashi J. 2015. Anatomy of a subduction complex: architecture of the Franciscan Complex, California, at multiple length and time scales. International Geology Review, 57(5/6/7/8):669-746.

Whitney D L, Evans B W. 2010. Abbreviations for names of rock-forming minerals. American Mineralogist, 95:185-187.

Wilson J T. 1966. Did the Atlantic close and then re-open? Nature, 211:676-681.

Wu Y B, Zheng Y F. 2013. Tectonic evolution of a composite collision orogen: An overview on the Qinling-Tongbai-Hong'an-Dabie-Sulu orogenic belt in central China. Gondwana Research, 23:1402-1428.

Wu Y B, Zheng Y F, Zhao Z F, et al. 2006. U-Pb, Hf and O isotope evidence for two episodes of fluid-assisted zircon growth in marble-hosted eclogites from the Dabie orogen. Geochimica et Cosmochimica Acta, 70:3743-3761.

Wu Y B, Zheng Y F, Zhang S B, et al. 2007. Zircon U-Pb ages and Hf isotope compositions of migmatite from the North Dabie terrane in China: constraints on partial melting. Journal of Metamorphic Geology, 25:991-1009.

Wu Y B, Zheng Y F, Gao S, et al. 2008. Zircon U-Pb age and trace element evidence for Paleoproterozoic granulite-facies metamorphism and Archean crustal rocks in the Dabie Orogen. Lithos, 101:308-322.

Wu Y B, Hanchar J M, Gao S, et al. 2009. Age and nature of eclogites in the Huwan shear zone, and the multi-stage evolution of the Qinling-Dabie-Sulu orogen, central China. Earth and Planetary Science Letters, 277:345-354.

Xiao W J, Han C M, Yuan C et al. 2008. Middle Cambrian to Permian subduction-related accretionary orogenesis of North Xinjiang, NW China: Implications for the tectonic evolution of Central Asia. Journal of Asian Earth Sciences, 32(2/3/4): 102-117.

Xiao Y L, Hoefs J, van den Kerkhof A M, et al. 2001. Geochemical constraints of the eclogite and granulite facies metamorphism as recognized in the Raobazhai complex from North Dabie Shan, China. Journal of Metamorphic Geology, 19:3-19.

Xiao Y L, Hoefs J, van den Kerkhof A M, et al. 2002. Fluid history during HP and UHP metamorphism in Dabie Shan, China: Constraints from mineral chemistry, fluid inclusions, and stable isotopes. Journal of Petrology, 43:1505-1527.

Xu S T, Okay A I, Ji S, et al. 1992. Diamonds from the Dabie Shan metamorphic rocks and its implication for tectonic setting. Science, 256:80-82.

Xu S T, Jiang L L, Liu Y C, et al. 1996. Structural Geology and Ultrahigh Pressure

Metamorphic belt of the Dabie Mountains in Anhui Province. 30th IGC Field Trip Guide T328. Beijing: Geological Publishing House.

Xu S T, Liu Y C, Su W, et al. 2000. Discovery of the eclogite and its petrography in the Northern Dabie Mountain. Chinese Science Bulletin, 45, 273-278.

Xu S T, Liu Y C, Chen G B, et al. 2003. New finding of micro-diamonds in eclogites from Dabie-Sulu region in central-eastern China. Chinese Science Bulletin, 48: 988-994.

Xu S T, Liu Y C, Chen G, et al. 2005. Microdiamonds, their classification and tectonic implications for the host eclogites from the Dabie and Su-Lu regions in central eastern China. Mineralogical Magazine, 69: 509-520.

Xu S T, Wu W, Lu Y, et al. 2012. Tectonic setting of the low-grade metamorphic rocks of the Dabie Orogen, central eastern China. Journal of Structural Geology, 37: 134-149.

Xu Z Q, Zeng L S, Liu F L, et al. 2006. Polyphase subduction and exhumation of the Sulu high-pressure ultrahigh-pressure metamorphic terrane. Geological Society of America Special Paper, 403: 792-113.

Yang J J, Powell R. 2006. Calculated phase relations in the system Na_2O-CaO-K_2O-FeO-MgO-Al_2O_3-SiO_2-H_2O with applications to UHP eclogites and whiteschists. Journal of Petrology, 47: 2047-2071.

Yang J S, Wooden J L, Wu C L, et al. 2003a. SHRIMP U-Pb dating of coesite-bearing zircon from the ultrahigh-pressure metamorphic rocks, Sulu terrane, east China. Journal of Metamorphic Geology, 21: 551-560.

Yang J S, Xu Z Q, Dobrzhinetskay L F, et al. 2003b. Discovery of metamorphic diamonds in central China: an indication of a > 4000-km-long zone of deep subduction resulting from multiple continental collisions. Terra Nova, 15: 370-379.

Yang Y, Liu Y C, Li Y, et al. 2020. Zircon U-Pb dating and petrogenesis of multiple episodes of anatexis in the North Dabie complex zone, central China. Minerals, 10: 618.

Yang Y, Liu Y C, Li Y, et al. 2021. Magmatism and related metamorphism as a response to mountain-root collapse of the Dabie orogen: Constraints from geochronology and petrogeochemistry of metadiorites. Geological Society of America Bulletin.

Ye K, Cong B L, Ye D N. 2000. The possible subduction of continental material to depths greater than 200km. Nature, 407: 734-736.

Yin C, Tang F, Liu Y, et al. 2005. U-Pb zircon age from the base of the Ediacaran Doushantuo Formation in the Yangtze Gorges, South China: constraint on the age of Marinoan glaciation. Episodes, 28: 48-49.

Yuan X Y,Niu M L,Cai Q Y,et al.2021. Bimodal volcanic rocks in the northeastern margin of the Yangtze Block: Response to breakup of Rodinia supercontinent. Lithos,390/391:106108.

Zartman R E,Doe B R. 1981. Plumbotectonics: The model. Tectonophysics,75: 135-162.

Zhang R Y,Liou J G,Ernst W G. 2009. The Dabie-Sulu continental collision zone: A comprehensive review. Gondwana Research,16:1-26.

Zhao Z F,Zheng Y F,Wei C S et al. 2005. Zircon U-Pb age,element and C-O isotope geochemistry of post-collisional mafic-ultramafic rocks from the Dabie orogen in east-central China. Lithos,83:1-28.

Zhao Z F,Zheng Y F,Wei C S et al. 2007. Postcollisional granitoids from the Dabie orogen inChina: Zircon U-Pb age,element and O isotope evidence for recycling of subducted continental crust. Lithos,93:248-272.

Zheng Y F,Fu B,Gong B et al. 2003. Stable isotope geochemistry of ultrahigh pressure metamorphic rocks from the Dabie-Sulu orogen in China: implications for geodynamics and fluid regime. Earth-Science Reviews,62:105-161.

Zheng Y F,Wu Y,Chen F K,et al. 2004. Zircon U-Pb and oxygen isotope evidence for a large-scale ^{18}O depletion event in igneous rocks during the Neoproterozoic. Geochimica et Cosmochimica Acta,68:4145-4165.

Zheng Y F,Zhou J B,Wu YB,et al. 2005. Low-grade metamorphic rocks in the Dabie-Sulu orogenic belt:a passive-margin accretionary wedge deformed during continent subduction. International Geology Review,47:851-871.

Zhou J B,Wilde S A,Zhao G C,et al. 2008. SHRIMP U-Pb zircon dating of the Wulian Complex:defining the boundary between the North and South China Cratons in the Sulu Orogenic Belt,China. Precambrian Research,162:559-576.

Zhu G,Liu G S,Niu M L,et al. 2009. Syn-collisional transform faulting of the Tan-Lu fault zone,East China. International Journal of Earth Sciences,98:135-155.

Zhu G,Wang Y S,Wang W,et al. 2017. An accreted micro-continent in the north of the Dabie Orogen,East China:Evidence from detrital zircon dating. Tectonophysics,698: 47-64.

Zindler A,Hart S. Chemical geodynamics. 1986. Annual Review of Earth and Planetary Sciences,14:493-571.

Zuber M T. Folding a jelly sandwich. Nature,1994,371:650-651.